일상 속의 방사선 과학

일상 속의 방사선 과학

발행일	2026년 3월 10일

지은이	조정희
펴낸이	손형국
펴낸곳	(주)북랩

출판등록 2004. 12. 1(제2012-000051호)
주소 　　서울특별시 금천구 가산디지털 1로 168, 우림라이온스밸리 B동 B111호, B113~115호
홈페이지 www.book.co.kr
전화번호 (02)2026-5777　　　　　　　　　　　팩스 　(02)3159-9637

ISBN 　　979-11-7598-153-9 03400 (종이책)　　　　979-11-7598-154-6 05400 (전자책)

작가 연락처 문의 ▸ ask.book.co.kr

전용 게시판에 문의를 남기시면 저자에게 직접 전달됩니다.

(주)북랩 성공출판의 파트너

북랩 홈페이지와 SNS에서 다양한 출판 솔루션을 만나 보세요!

홈페이지 book.co.kr　　•　**블로그** blog.naver.com/essaybook　　•　**출판문의** text@book.co.kr
카톡채널 북랩

건강과 과학, 예술 속에 스며든 빛의 인문학

일상 속의 방사선 과학

조정희 지음

북랩

머리말

‘방사선’이라는 단어는 여전히 많은 이들에게 막연한 공포의 이미지로 먼저 떠오른다. 체르노빌과 후쿠시마의 기억은 방사선을 보이지 않는 위협으로 각인시켰고, 그 잔상은 지금도 우리의 인식 속에 깊게 남아 있다. 그러나 방사선은 본래 선과 악의 이분법으로 재단할 수 있는 대상이 아니다. 그것은 자연이 지닌 근원적 언어이자, 인류가 이해하고 통제해 온 가장 정밀한 에너지의 한 형태이다.

사실 우리는 이미 방사선과 함께 살아가고 있다. 병원에서 질병을 진단하는 의료 영상에서부터 공항 검색대의 보안 시스템, 식품과 의약품의 멸균 공정, 반도체와 배터리 산업, 나아가 예술 작품의 내부를 탐색하는 엑스레이 아트(X-ray Art)에 이르기까지, 방사선은 보이지 않는 빛으로 우리의 일상을 조용히 지탱하고 있다. 우리는 그것을 인식하지 못한 채, 매일 방사선의 혜택 속에서 삶을 이어가고 있는 셈이다.

그럼에도 방사선이 여전히 두려움과 오해의 대상에 머물러 있다는 사실은 아이러니하다. 이 책은 바로 그 지점에서 출발한다. 공포를 부정하지 않되, 그 공포를 이해로 전환하고, 막연한 오해를 과학적 통찰과 균형 잡힌 시선으로 바꾸고자 한다.

필자는 지난 30여 년간 병원과 연구 현장에서 CT, MRI, 선형가속기(LINAC) 등 첨단 방사선 장비를 다루며, 이 보이지 않는 빛이 인간의 생명과 얼마나 밀접하게 맞닿아 있는지를 수없이 목격해 왔다. 동시에 대학과 대학원 강의실에서 학생들과 나눈 치열한 질문과 토론을 통해, 방사선이 단순한 물리적 에너지를 넘어 생명과학, 산업, 문화 전반을 관통하는 광범위한 지식의 스펙트럼임을 확인해 왔다.

방사선은 위험의 상징이기 이전에, 생명과 문명을 지탱해 온 필수적인 과학의 언어다. 이 책은 방사선을 특수한 전문가의 영역에 가두지 않고, 우리의 삶과 일상, 그리고 미래를 이해하는 하나의 공통 언어로 제시하고자 한다. 병원에서 환자를 마주하던 순간의 기록, 강의실에서의 사유, 연구자로서 느꼈던 경이로움이 이 책의 곳곳에 스며들어 있다.

보이지 않지만 세상을 바꾸는 힘, 그것이 바로 방사선이다. 이제 우리는 두려움의 장막을 조금 걷어 내고, 이 투명한 빛이 인류의 건강과 문화, 과학을 어떻게 변화시켜 왔는지 차분히 들여다볼 필요가 있다. 이 여정이 독자들에게 방사선을 새로운 시각으로 이해하는 계기가 되고, 그 속에서 인류의 지혜와 과학의 아름다움을 발견하는 뜻깊은 출발점이 되기를 바란다.

이 책은 여덟 개 장으로 구성되어 있으며, 방사선의 과학적 원리에서 예술적 확장까지를 포괄하는 인문·과학 융합형 서사로 전개된다. 각 장은 방사선을 '두려움의 대상'이 아닌 '이해와 창조의 빛'으로 재조명하며, 우리 삶을 지탱하는 다양한 영역 속에서 그 본질적 의미를 탐구한다.

1장 방사선 : 두려움에서 이해로

눈에 보이지 않는 에너지가 세상을 어떻게 비추는지를 살피고, 과학적 데이터를 통해 일상 속 방사선의 실체를 탐구한다. 막연한 공포를 해소하고, 방사선은 '특별한 위험이 아니라 자연과 늘 함께하는 존재'임을 인식하게 하는 인식의 전환점이다.

2장 세상을 따뜻하게 만드는 빛의 과학

보안 검색 스캐닝부터 화재 감지기, 반도체 및 배터리 산업에 이르기까지 현대 기술의 근간이 되는 방사선의 원리를 다룬다. 특히 탈화학적 친환경 기술로서 산업 혁신을 이끄는 방사선의 파급력을 제시한다.

3장 생명을 살리는 과학 : 방사선 진단 및 치료

영상의학, 핵의학, 방사선종양학 등 생명과학의 중심에서 방사선이 수행하는 역할을 조명한다. 첨단 의료 기술이 인간의 생명을 구하고 절망 속에서 희망을 찾아가는 과정을 서술한다.

4장 식탁과 생활 속의 방사선

식품 방사선 조사부터 뷰티 산업, 신약 개발까지 우리 생활 곳곳에서 위생과 품질을 책임지는 과학적 원리를 탐구한다. 일상과 건강을 지키는 보이지 않는 '파수꾼'으로서의 방사선을 발견하게 된다.

5장 시간 여행을 가능하게 하는 힘 : 방사선 고고학

방사선이 어떻게 시간의 흔적을 읽어 내는 도구가 되는지를 조명한다. 탄소 연대측정 등 고대 문명과 화석 속에 새겨진 생명의 기록을 훼손 없이 복원하는 방사선 기술의 경이로움을 다룬다.

6장 진실을 밝히는 힘 : 과학수사와 방사선

X선과 CT는 죽은 자의 침묵을 깨우고 사건의 실마리를 비추는 정의의 도구가 된다. 법의학과 범죄 수사 현장에서 방사선이 진실을 드러내는 과정을 실제 사례와 함께 탐구한다.

7장 보이지 않는 빛으로 움직이는 문명 : 원자력 이야기

인류 문명사 속에서 원자력 에너지가 갖는 의미를 조명한다. 네 번째 에너지 혁명으로서의 가능성과 더불어, 사회적 신뢰와 윤리적 과제에 대해 깊이 있는 논의를 전개한다.

8장 X-ray Art : 보이지 않는 세계의 아름다움

예술의 영역으로 확장된 방사선을 다룬다. 생명의 구조를 그리는 아티스트들의 시선과 철학적 사유의 결정체인 '죠그램(Xogram)을 통해, 보이지 않는 것의 미학을 탐구하며 대단원의 막을 내린다.

이 책은 방사선을 단순한 과학의 언어로만 정의하지 않는다. 이것은 인간의 삶과 문화, 그리고 철학이 격렬하게 교차하는 지점에서 방사선을 입체적으로 이해하려는 시도다.

방사선은 단지 차가운 물리적 현상이 아니다. 그것은 보이지 않는 세계를 보고자 하는 인간의 욕망, 시간을 초월해 진실을 찾으려는 인류의 지적 여정이기 때문이다.

눈에 보이지 않지만, 우리의 생명을 수호하고, 예술의 경계를 확장하며, 과거의 진실을 투명하게 비추는 빛. 이것이 우리가 마주해야 할 방사선의 진정한 얼굴이다.

이 책이 독자들에게 '두려움에서 이해로, 이해에서 감동으로' 나아가는 여정의 든든한 이정표가 되기를 바란다. 결국 방사선의 세계를 탐구하는 것은 곧 우리 인간의 이야기를 읽어 내는 과정이다.

이제 보이지 않는 빛 속에 새겨진 과학과 예술, 그리고 생명의 숭고한 서사를 향해 함께 떠나 보자.

1장

—

방사선!
두려움에서 이해로

'방사선'이라는 단어를 떠올리는 순간, 많은 사람들은 아직 오지 않은 위험을 먼저 상상한다. 원자력 발전소의 사고 장면, 암이라는 단어가 주는 막연한 공포, 눈에 보이지 않는 무엇이 우리 몸을 위협할 것이라는 불안 말이다. 그러나 이 두려움은 대부분 '모르기 때문에 생긴 그림자'에 가깝다.

사실 방사선은 태초부터 태양의 빛과 함께 지구에 존재해 왔고, 인류는 그 빛을 이해하며 문명을 쌓아 올려 왔다. 불을 다루며 밤을 밝히고, 렌즈로 별을 관측하며 우주의 질서를 읽어 낸 것처럼, 방사선 또한 보이지 않는 빛으로 세상을 조금 더 안전하고 따뜻하게 만들어 왔다.

병원에서 몸속을 조용히 비추는 엑스레이와 CT는 고통을 말로 설명하지 못하는 환자의 이야기를 대신 읽어 주고, 식탁에 오르는 식품을 지키는 멸균 기술은 보이지 않는 위험으로부터 생명을 보호한다. 반도체 공정에서 미세한 질서를 완성하고, 공항의 검색대에서 사회의 안전을 설계하는 힘 역시 방사선이라는 '빛의 도구'에서 비롯된다. 우리는 하루에도 수없이 방사선의 도움을 받으며 살아가지만, 그것을 의식하지 못한 채 지나칠 뿐이다.

보이지 않는다고 해서 두려움의 대상이 될 필요는 없다. 오히려 이해되지 않은 채 남겨질 때, 과학은 공포로 변한다. 방사선을 올바로 이해하기 시작하는 순간, 그것은 위험한 그림자가 아니라 인류의 건강을 지키고, 산업을 성장시키며, 문화와 예술의 영역까지 확장되는 '빛의 과학'으로 모습을 드러낸다.

이제 막연한 공포에서 한 걸음 물러서 보자.

그리고 조용하지만 분명한 빛으로 우리 곁의 세상을 비추고 있는 방사선을, 두려움이 아닌 이해의 시선으로 함께 바라보자.

그 순간, 방사선은 차가운 기술이 아니라 세상을 따뜻하게 만드는 과학으로 우리 앞에 다가올 것이다.

이제 막연한 공포를 내려놓고, 방사선이 우리 곁의 세상을 어떻게 더 나은 방향으로 비추고 있는지 함께 살펴 보자.

눈에 보이지 않는 에너지,
세상을 비추다

우리가 매일 마주하는 햇빛은 단순한 빛이 아니다. 그 안에는 적외선, 자외선, 그리고 X선처럼 파장이 서로 다른 다양한 전자기파의 스펙트럼이 숨어 있다. 이들은 모두 전자기파이지만, 파장에 따라 물질과 상호작용하는 방식이 달라진다. 그중 일부는 우리 몸을 따뜻하게 데워 생명을 유지하게 하고, 또 일부는 생명체의 나침반이 되어 방향을 찾게 한다.

빛은 지구의 모든 생명 활동을 가능하게 하는 근원이자, 인류에게 희망과 생존의 상징이다.

일반적으로 '방사선'이라고 하면 X선을 연상한다. X선의 발견은 과학사에 한 획을 그은 경이로운 사건이었다.

1895년 11월, 독일의 물리학자 빌헬름 콘라트 뢴트겐(Wilhelm Conrad Röntgen)은 어두운 실험실에서 예기치 못한 빛을 발견했다. 그는 진공관에 전류를 흘려 전자 방출 실험을 하던 중, 가까이에 놓인 형광판이 희미하게 빛나는 현상을 목격했다. 빛은 유리와 두꺼운 종이까지 뚫고 나왔지만, 금속판에 가로막혔다.

며칠 후, 그는 실험 중이던 아내 베르타(Bertha)의 손을 촬영했다. 필름 위에는 피부와 근육을 지나 투과된 뼈의 형태와 반지의 윤곽이 또렷하게 드러났다.

이 영상은 인류 역사에서 처음으로 기록된 X선 사진이며, 그 한 장의 이미지는 의학과 과학 전반의 패러다임을 근본적으로 전환시키는 결정적 계기가 되었다.

뢴트겐은 자신이 발견한 이 신비로운 에너지의 정체를 즉시 규명할 수 없었기에, 수학에서 미지수를 뜻하는 기호 'X'를 차용해 이를 'X선'이라 명명하였다. 이 선택은 단순한 이름 붙이기가 아니라, 인류가 오랫동안 품어 온 미지(未知)에 대한 질문을 과학의 언어로 공식화한 선언에 가까웠다. 수학에서 'X'가 아직 풀리지 않은 값을 가리키듯, 과학에서의 'X'는 밝혀지지 않은 영역이자 탐구의 출발점, 그리고 가능성이 열려 있는 여백을 상징하는 기호로 기능해 왔다.

이러한 맥락에서 'X'는 단순한 문자나 표식이 아니라, 인식의 경계가 넘어서는 순간을 지시하는 좌표라 할 수 있다. 서로 분리되어 있던 세계와 사유가 교차하며 새로운 이해가 탄생하는 지점, 다시 말해 혁신이 시작되는 자리에는 언제나 'X'가 놓여 있었다. 역사적으로 인류는 이 기호를 통해 금단의 영역과 아직 열리지 않은 문, 그리고 발견을 기다리는 세계를 상상해 왔다. 따라서 'X선'이라는 명칭에는 물리적 현상의 이름을 넘어, 보이지 않는 세계를 향해 질문을 던진 인간의 지적 용기와 과학적 상상력이 함께 새겨져 있다. 보이지 않던 것이 드러나는 순간, 인류는 비로소 인간과 생명의 내면에 숨겨진 진실을 읽어 내는 존재로 나아가게 되었다. 오늘날에도 'X'는 여전히 미래와 혁신을 가리키는 강력한 상징으로 작동한다. 일론 머스크(Elon Musk)가 자신의 기업을 'X'라 명명한 선택 역시 이러한 맥락에서 이해할 수 있다. 그에게 'X'는 완결된 의미를 담은 이름이 아니라, 인공지능·금융·우주·통신처럼 서로 다른 영역이 융합되며 새로운 문명이 형성되는 개방형 좌표를 의미한다. 나아가 자녀의 이름에까지 'X'를 선택한 것은, 미래가 이미 정해진 결론이 아니라 끊임없는 탐구와 사유를 통해 열어 가야 할 미지의 세계임을 일깨우는 상징적 의미로 해석할 수 있다.

결국 'X'는 답이 아니라 질문이며, 종착지가 아니라 출발선이다. 뢴트겐의 'X선'에서 현대 기술 문명의 'X'에 이르기까지, 이 한 글자는 보이지 않는 것에 의미를 부여하고, 알 수 없는 세계를 향해 탐구를 멈추지 않겠다는 인류의 지적 태도를 일관되게 상징해 왔다. 그리고 바로 그 지점에서 과학과 상상력은 다시 새로운 빛을 만들어 낸다.

그럼에도 불구하고 오늘날 많은 사람들에게 방사선은 여전히 눈에 보이지 않고, 냄새도 없으며, 만질 수도 없는 '위험한 것'으로 인식되곤 한다. X선이나 CT 검사를 앞두고 방사선 피폭에 대한 막연한 불안으로 검사를 주저하거나 거부하는 사례도 적지 않다. 그러나 방사선은 결코 위험만을 의미하는 존재가 아니다. 그것은 인류가 질병을 조기에 발견하고, 보이지 않던 내면을 드러내며, 정밀한 치료로 삶의 질을 향상시키는 데 기여해 온 자연의 힘이자 과학의 성과이다. 다시 말해, 'X'가 상징하는 미지의 세계는 두려움의 대상이 아니라, 이해와 활용을 통해 인간의 삶을 확장해 온 '가능성의 공간'이라 할 수 있다.

방사선은 원자의 붕괴나 입자의 가속 과정에서 발생하는 보이지 않는 에너지의 흐름으로, 공간을 통과하며 에너지를 전달하는 물리적 현상이다. 이는 전구에서 빛이 사방으로 퍼져 나가듯, 입자 또는 파동의 형태로 존재하며 세계와 상호작용한다.

방사선은 물리적 특성에 따라 크게 입자 방사선과 전자기파 방사선으로 분류된다.

- **입자 방사선** : 알파선 (α), 베타선(β), 중성자선, 양성자선, 중이온선 등 실제 질량을 가진 입자의 흐름
- **전자기파 방사선** : 질량이 없는 파동의 형태로, X-선, 감마선(γ) 등

방사선 종류	물리적 형태	투과력	주요 활용 분야
알파선 (α)	헬륨 원자핵 (무거운 입자)	종이 한 장으로도 차단 가능	연기 감지기 우주 탐사 전원 (RTG)
베타선 (β)	전자 또는 양전자 (가벼운 입자)	얇은 알루미늄 판으로 차단 가능	두께 측정 의료용 진단/치료
X-선 (X)	고에너지 전자기파	인체 조직은 투과, 뼈와 금속은 일부 차단	의료 영상 진단(CT) 보안 검사
감마선 (γ)	원자핵 반응에 따른 초고에너지 전자기파	두꺼운 납이나 콘크리트 필요	암 치료(방사선 치료) 산업 비파괴 검사

알파선은 헬륨의 원자핵으로 이루어진 무거운 입자여서 에너지는 크지만, 종이 한 장도 뚫지 못할 만큼 투과력이 가장 약한 방사선이다. 반면, 베타선은 원자핵이 붕괴할 때 나오는 전자로, 알파선보다 훨씬 가볍고 멀리 이동할 수 있지만, 얇은 금속판이나 두꺼운 옷으로도 쉽게 막

을 수 있을 정도로 투과력은 제한적이다.

양성자나 탄소와 같은 중하전입자는 사이클로트론(cyclotron)이나 싱크로트론과 같은 입자가속기를 이용해 빛의 속도의 약 60% 수준까지 가속될 수 있다. 이렇게 고속으로 가속된 입자는 물질과 충돌할 때 강한 에너지를 전달하며, 이 과정에서 새로운 방사성 핵종을 생성하거나 암의 방사선 치료에 이용된다.

특히 양성자 및 탄소 이온 치료는 인체에 조사될 때 에너지가 특정 깊이에서 집중적으로 방출되는 브래그 피크(Bragg peak) 특성을 지닌다. 이로 인해 정상 조직에는 상대적으로 적은 손상을 주면서, 종양 부위에만 높은 선량을 전달할 수 있어 기존 X선 치료로는 치료가 어려운 난치성·재발성 암 치료에 효과적인 첨단 방사선 치료법으로 활용되고 있다.

X선이나 감마선보다 파장이 긴 적외선은 물질에 흡수될 때 주로 열에너지로 전환되는 특성을 지닌다. 인체에 적외선이 조사되면 피부와 근육층의 온도가 완만하게 상승하면서 혈관이 확장되고 혈류량이 증가해 산소와 영양분 공급이 촉진되고 노폐물 배출이 원활해진다. 이러한 작용은 근육 긴장을 완화하고 통증을 줄이는 효과로 이어져, 병원에서는 관절염 환자의 통증 완화나 근육·연부 조직 손상 후 회복을 돕는 물리 치료 수단으로 활용된다.

이외에도 적외선은 온실에서 토양과 식물의 온도를 안정적으로 유지해 작물의 생장을 촉진하고, TV 리모컨과 같은 근거리 무선 통신에서는 신호 전달 매체로 사용되는 등 일상생활 곳곳에서 유용하게 활용되고 있다.

한편 X선보다 파장이 긴 영역에 속하는 자외선(UV)은 파장대에 따라

에너지가 다르고, 생물학적 효과 또한 다르게 나타난다. 자외선 가운데 UV-C(약 200~280nm) 영역은 에너지가 높아 미생물의 DNA와 RNA 염기에 직접 흡수되며, 특히 티민 다이머(thymine dimer)와 같은 구조적 손상을 유발해 유전 정보의 복제를 차단한다.

그 결과 세균·바이러스·곰팡이는 증식 능력을 상실하게 되며, 이러한 원리에 기반해 UV-C는 수돗물 소독, 공기 정화 시스템, 병원과 실험실의 표면 살균 등 위생 관리 분야에서 핵심 기술로 활용되고 있다. 자외선 소독은 화학 소독제와 달리 잔류 물질을 남기지 않는다는 점에서 환경적 장점을 지닌다.

또한 태양광에 포함된 UV-B(약 280~315nm) 영역의 자외선은 피부에서 비타민 D 합성을 촉진해 칼슘 흡수를 돕고, 뼈 건강과 면역 기능 유지에 중요한 생리적 역할을 한다. 다만 과도한 노출은 피부 손상을 유발할 수 있어, 적절한 균형과 관리가 필요하다. 농업 분야에서도 자외선은 병원성 곰팡이와 미생물의 성장을 억제하는 수단으로 활용되어, 작물 저장 중 부패를 줄이고 생산성과 품질을 높이는 데 기여하고 있다.

이처럼 자외선을 포함한 방사선은 파장과 에너지에 따라 작용 기전과 활용 목적이 명확히 달라진다. 이는 방사선이 단일한 위험 요소가 아니라, 물리적 특성을 정확히 이해하고 통제할 경우 위생·보건·농업·환경 등 다양한 영역에서 인간과 생명체의 안전을 지탱하는 과학적 도구가 될 수 있음을 의미한다. 파장마다 서로 다른 임무를 수행하는 빛들은 보이지 않는 곳에서 일상의 건강과 안전을 지키는 든든한 동반자로 기능하고 있다.

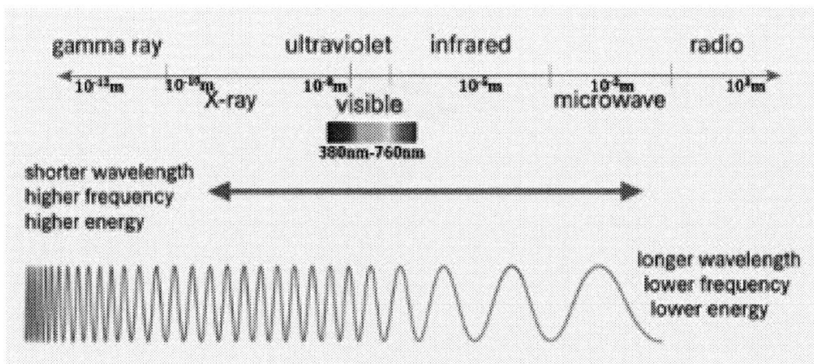

전자기파 에너지 스펙트럼

숫자로 보는
일상 속 방사선 지도

방사선은 산업 현장이나 병원에서만 접하는 특수한 위험 요소가 아니라, 인류가 오래전부터 자연스럽게 함께해 온 물리적 현상이다. 인간은 지구가 형성된 이래 우주선, 지각 방사선, 대기 중 방사성 물질 등 자연 방사선 환경 속에서 살아왔으며, 현대 사회에 이르러서도 이러한 기본적 노출 환경은 변하지 않았다.

원자력안전위원회의 「한국인 연간 유효선량 통계」에 따르면, 2020년 기준 우리 국민이 연간 받는 평균 방사선량은 약 7.29mSv로 조사되었다. 이 노출량은 자연 방사선과 인공 방사선으로 구분되며, 그중 상당 부분은 인간의 통제 범위를 벗어난 자연 환경에서 기인한다. 인공 방사선 가운데 가장 큰 비중을 차지하는 영역은 의료 이용에 따른 노출로, 이는 질병의 진단과 치료를 위해 인류가 의도적으로 선택한 영역이라 할 수 있다.

구분	세부 근원	연평균 선량 (mSv)	비고
자연 방사선	종합	약 3.7 (약 50.7%)	인류의 통제 범위를 벗어난 자연적 요인
	라돈/토론	약 2.3	가장 큰 비중을 차지하는 자연 방사선 근원(주로 실내에서 흡입)
	우주선	약 0.3	대기권을 뚫고 들어오는 고에너지 입자(고도가 높을수록 증가)
	지각 방사선	약 0.4	토양, 암석, 건축 자재 등에서 기인
	식품/체내 방사성 물질	약 0.7	칼륨-40(40^K) 등 음식물 섭취를 통해 체내에 존재
인공 방사선	종합	약 3.59 (약 49.3%)	주로 의료 행위 등 인간의 활동에 의해 발생
	의료 피폭	약 3.59	X-선, CT, 핵의학 검사 등 인공 방사선 노출의 대부분
	기타 인공 노출	무시할 수준	과거 핵실험 낙진, 원자력 시설 배출 등
총 연평균 노출량		약 7.29	자연 방사선과 인공 방사선(의료) 노출의 합

*자료 : 한국인 연평균 전리 방사선 노출 지도(2020년 기준)

이러한 통계는 우리가 일상에서 접하는 방사선 노출의 본질이 단순한 위험이 아니라, 자연적 배경과 의학적 필요가 결합된 결과임을 보여준다. 특히 의료 분야에서의 방사선 이용은 위험보다 편익이 현저히 크다는 점에서 정당화되어 왔다.

X선, CT, PET 등 영상의학 기술은 질병을 조기에 발견하여 생명을 구하고, 불필요한 치료를 줄이며, 사회 전체적으로는 의료비 절감과 건강 수명 연장이라는 공공적 가치를 창출해 왔다. 따라서 의료 피폭은 불필요한 위험이 아니라, 건강과 생명을 위한 합리적 선택이자 사회적 투자라 평가할 수 있다.

의학적 관점에서 중요한 질문은 '얼마나 방사선을 받았는가?'보다는 '어떤 목적 아래, 어떤 전문적 관리 체계 속에서 사용되었는가?'에 있다. 방사선의 생물학적 효과는 누적 선량에 따라 증가하지만, 표준화된 선량 관리와 적절한 사용 원칙이 적용될 경우 그 위험은 충분히 예측 및 통제가 가능하다.

이를 위해 국제방사선방호위원회(ICRP)는 방사선 이용의 기본 원칙으로 정당화(Justification)와 최적화(Optimization)를 제시하였다. 즉 방사선 검사는 환자에게 실질적인 의료적 이익이 있을 때만 시행되어야 하며, 그 과정에서도 합리적으로 달성 가능한 한 가장 낮은 선량(ALARA, As Low As Reasonably Achievable)을 유지해야 한다는 원칙이다. 이러한 기준은 방사선 기술이 인간의 존엄과 안전을 최우선 가치로 삼아 공익을 위해 사용되도록 하는 과학적·윤리적 토대를 형성한다.

따라서 방사선 검사는 상업적 목적이나 과잉 이용이 아닌, 환자에게 실제로 도움이 되는 범위 내에서 정당하게 시행되어야 하며, 불필요한 중복 촬영이나 의학적 근거가 부족한 검사는 엄격히 배제되어야 한다. 이와 함께 환자는 검사나 치료 과정에서 예상되는 방사선 노출에 대해 충분한 설명을 듣고 스스로 결정할 권리, 즉 자기결정권을 보장받아야 하며, 의료진은 이를 존중하면서 환자를 위해 최선의 이익을 실현해야 할 전문적 책임을 지닌다.

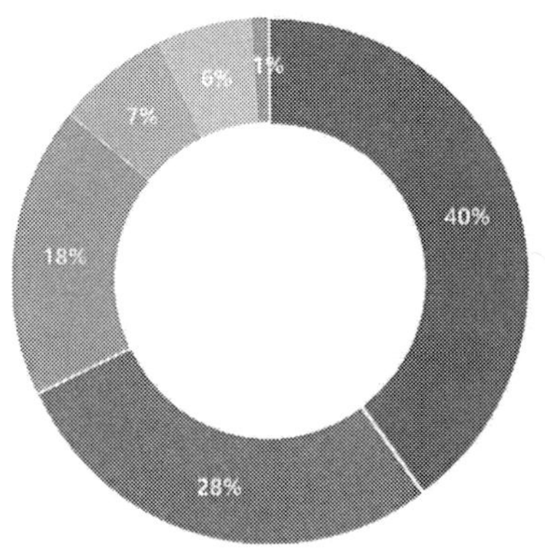

*자료 : 2020 국민 피폭선량 평가(원자력안전위원회)

경제적·사회적 관점에서도 방사선의 합리적 이용은 필수적이다. 방사선을 활용한 영상 진단과 치료 기술은 질병을 조기에 발견하고 치료 개입 시점을 앞당김으로써 개인의 생존 가능성을 높이는 동시에, 사회 전체가 부담해야 할 의료비와 간접 비용을 현저히 감소시킨다. 특히 암과 같은 만성·중증 질환의 경우, 진단 시점이 늦어질수록 치료비는 기하급수적으로 증가하고, 장기 투병에 따른 노동생산성 손실과 가족 돌봄 부담, 사회 보장 지출이 함께 확대되는 구조적 문제가 발생한다.

의료경제학적으로 볼 때 조기 진단은 단순한 의료 행위를 넘어 비용 대비 효과(cost-effectiveness)가 높은 예방적 투자에 해당한다. 실제로 「한국의 암 사회경제적 부담」에 관한 연구에 따르면, 2015년 기준 암으로 인한 사회적 비용 가운데 의료비를 제외한 간접 비용, 즉 조기 사망으로 인한 생산성 손실과 질병으로 인한 근로 능력 저하는 약 80억 달러에 달한 것으로 보고되었다. 이는 암이 개인의 건강 문제를 넘어 국가 경제 전반에 장기적인 손실을 초래하는 구조적 위험 요인임을 분명히 보여준다.

이러한 맥락에서 폐암, 대장암, 유방암과 같이 조기 발견 시 예후가 현저히 개선되는 질환에서 X선, CT, PET 등 방사선 기반 진단 기술의 가치는 더욱 분명해진다. 질병을 수술이나 국소 치료 단계에서 관리할 수 있을 경우, 고가의 항암 치료나 장기 입원, 반복적인 재활 치료를 줄일 수 있으며, 이는 국민건강보험 재정의 지속 가능성을 높이는 데에도 기여한다. 동시에 환자가 조기에 일상과 노동 현장으로 복귀할 수 있어 사회 전체의 생산성과 삶의 질을 유지하는 효과를 가져온다.

결국 방사선의 의료적 활용은 단순히 병을 발견하고 치료하는 기술을 넘어 '의료비 절감, 생산성 유지, 사회적 돌봄 비용 감소'라는 복합적 편익을 창출하는 핵심 인프라라 할 수 있다. 의료경제학의 관점에서 방사선은 비용을 발생시키는 요소가 아니라, 장기적으로 사회적 비용을 예방하고 완화하는 전략적 자산이며, 합리적이고 과학적인 이용은 개인과 사회 모두에게 가장 효율적인 선택으로 작용한다.

이와 같은 맥락에서 방사선 피폭의 본질은 막연한 '위험'이 아니라 '균형'의 문제로 이해되어야 한다. 과학은 방사선의 위험을 예측하고 관리할 수 있는 도구를 제공하며, 사회는 그 기술을 공공의 선을 위해 합리적으로 사용하는 윤리적 틀을 마련한다. 이러한 균형 속에서 방사선은 피해야 할 대상이 아니라, 지식과 책임을 바탕으로 다루어야 할 에너지로 자리매김한다. 피폭 선량을 합리적으로 달성 가능한 한 낮게 유지하면서 그 편익을 사회 전체와 공유하는 것, 그것이 성숙한 현대 문명사회가 선택해야 할 방사선 이용의 방향이라 할 수 있다.

방사선, 알고 보면
그렇게 무섭지 않다

후쿠시마 원전 사고 장면이나 영화 속 괴생명체의 이미지는 방사선을 종종 '통제 불가능한 공포'로 각인시켜 왔다. 실제로 방사선 사고는 사회와 환경에 심각한 영향을 미칠 수 있으며, 그 대표적 사례가 2011년 3월 11일 발생한 일본 후쿠시마 제1원자력발전소 사고이다. 이 사고는 규모 9.0의 대지진과 뒤이은 대형 쓰나미로 외부 전력과 비상 발전기가 동시에 상실되면서 원자로 냉각 기능이 마비된 데서 비롯되었다. 냉각수 공급이 중단되자 핵연료가 과열되었고, 수소 폭발과 함께 원자로 건물 일부가 파손되면서 방사성 물질이 대기와 해양으로 방출되었다.

국제원자력사고등급(INES) 기준 최고 단계인 7등급으로 평가된 이 사고로 인해 약 16만 명에 이르는 주민이 긴급 피난을 해야 했으며, 농지와 산림은 물론 연안 해역까지 광범위하게 오염되었다. 특히 농업과 어업은 장기간 생산과 유통이 제한되었고, 지역 경제는 급격한 침체를 겪었다. 또한 사고 직후 일본 정부는 모든 원전의 가동을 중단하면서 화석연료 수입 의존도가 급증하였고, 이는 에너지 비용 상승과 온실가스 배출 증가라는 추가적인 사회·경제적 부담으로 이어졌다.

사고 발생 14주년을 맞은 2025년 현재, 일본 정부와 국제사회는 지속적인 제염과 복구 작업을 통해 방사선량을 단계적으로 낮추어 왔으며, 이에 따라 일부 지역에서는 피난 지시가 해제되어 주민들의 귀환이 진행되고 있다. 그러나 여전히 약 2만 8천여 명의 주민이 귀환하지 못한 채 피난 생활을 이어가고 있으며, 후쿠시마 현 전체 면적의 약 2.2%에 해당하는 지역은 방사능 오염 수치가 높아 장기적인 관리와 접근 제한이 필요한 상태로 남아 있다. 더불어 사고 처리 과정에서 발생한 방사성 오염수의 저장과 처분 문제는 지금까지도 국제적 논쟁의 대상이 되고 있다.

후쿠시마 사고는 방사선이 지닌 잠재적 위험성을 분명히 보여주는 동시에, 고위험 기술일수록 철저한 안전 설계와 투명한 정보 공개, 그리고 사회적 신뢰가 얼마나 중요한지를 일깨운 사건으로 평가된다. 이는 방사선 그 자체보다도, 이를 관리하고 소통하는 인간의 제도와 책임이 사고의 규모와 사회적 파장을 결정짓는 핵심 요소임을 보여주는 사례라 할 수 있다.

의료 분야에서도 방사선 안전 관리가 소홀할 경우 중대한 사고로 이어질 수 있음은 여러 국제적 사례를 통해 확인되었다. 2008~2009년 미국 시더스 시나이 의료센터(Cedars-Sinai Medical Center)에서는 CT 뇌관류 검사 과정에서 장비 설정 오류로 일부 환자들이 표준 권고치보다 높은 방사선에 반복적으로 노출되는 사고가 발생하였다. 이 사고로 수백 명의 환자가 탈모와 피부 손상 등 확률적·결정적 방사선 영향을 경험했으며, 병원은 대규모 역학 조사와 사후 건강 모니터링, 법적 보상 절차를 진행해야 했다. 해당 사건은 진단 방사선 영역에서도 검사 프로토콜 관리, 운용자 교육, 환자 선량 추적 시스템이 미비할 경우 의료 신뢰와 병원 운영 전반에 심각한 사회·경제적 부담이 발생할 수 있음을 분명히 보여주었다.

　유사한 문제는 방사선치료 분야에서도 다수 보고되었다. 2001년 스페인 사라고사의 암 치료 기관에서는 방사선 치료기 교정 오류로 과다 조사 사고가 발생하여 다수의 환자에게 중대한 건강 피해가 보고되었다. 이 사고는 장기간의 추가 치료와 보상 비용, 의료진과 기관에 대한 신뢰 하락으로 이어졌으며, 지역 의료 체계 전반에 부정적 영향을 미쳤다. 프랑스 쟝 모네 종합병원(Centre Hospitalier Jean Monnet d'Épinal)에서도 2000년대 중반 선량계 보정 누락과 치료계획 입력 오류가 복합적으로 작용해 수백 명의 환자가 과다 피폭되는 사고가 발생하였다. 이 사건은 수십 년에 걸친 건강 추적 조사와 막대한 국가 보상 비용을 초래하였으며, 방사선 의료 사고가 단기간의 임상 문제를 넘어 장기적인 사회적 비용으로 확장될 수 있음을 보여주었다.

　이들 사례가 공통적으로 시사하는 바는, 방사선 사고의 상당수가 기술 자체의 한계보다는 관리 체계의 미비, 표준 절차 미준수, 인적 오류에서 비롯된다는 점이다. 사고 이후 각국은 환자별 방사선량 기록 의무화, 장비의 정기적 교정과 성능 검증, 이상 선량 발생 시 즉각 보고 및 조사 제도 도입 등 제도적 안전망을 강화해 왔다. 이는 방사선 의료의 사회적 편익을 유지하기 위해서는 기술 발전 못지않게 체계적인 관리, 투명한 정보 공개, 그리고 지속적인 교육과 감시가 필수적임을 보여준다.

　우리나라 역시 원자력안전법, 생활주변방사선 안전관리법, 의료법을 중심으로 방사선 안전 관리 체계를 운영하고 있다. 이들 법률에서 방사선 작업 종사자의 연간 선량 한도는 50mSv(mSv : 밀리시버트, 인체에 영향을 주는 방사선량 단위), 일반인은 1mSv 이하로 엄격히 제한하고 있으며,

모든 관련 기관은 방사선안전관리자 배치, 장비 정기 검사, 피폭 기록 보고를 의무적으로 수행한다.

사고 발생 시 보고 지연이나 무허가 사용은 엄중한 처벌 대상이 되며, 이러한 제도는 규제가 아닌 국민과 환자의 안전을 지키는 예방 장치로 기능하고 있다. 현재 방사선 안전관리 전반은 한국원자력안전기술원(KINS) 등 국가 기관을 통해 지속적으로 점검·감독이 이루어지고 있다.

이처럼 방사선 이용 시 분명한 위험을 동반하지만, 시선을 달리하면 방사선은 현대 문명을 지탱하는 핵심 과학기술이기도 하다.

대부분의 환자들은 X선, CT, MRI, PET 등 다양한 영상의학 검사를 통해 눈으로는 확인할 수 없는 인체 내부의 질병 정보를 얻는다. 방사선은 몸속을 들여다보는 '보이지 않는 눈'이며, 방사선 치료에서는 암세포만을 정밀하게 공격하는 '외과 의사 없는 수술칼'로 기능한다. 이는 환자의 고통을 줄이고 생존율을 높이는 최전선의 과학이라 할 수 있다.

방사선의 활용은 의료에만 국한되지 않는다. 백신, 효소, 의료기기와 같은 바이오 제품의 생산 과정에서도 방사선 멸균은 핵심적인 역할을 수행한다. 일회용 주사기와 수술용 장갑처럼 인체에 직접 닿는 의료용 구는 완벽한 멸균이 필수적인데, 방사선 멸균은 포장 상태 그대로 한 번에 처리할 수 있고 독성 잔여물이 남지 않아 높은 안전성을 제공한다. 이는 에틸렌옥사이드 가스 멸균의 한계를 보완하며, 환자와 의료진 모두에게 신뢰할 수 있는 선택지로 자리 잡았다.

더 나아가 방사선은 농업 분야에서도 식량 안보를 뒷받침한다. 방사선 돌연변이 육종 기술을 통해 병충해에 강하고 기후 변화에 적응력이 높은 벼와 보리 품종이 개발되어 왔으며, 이는 척박한 환경에서도 안정적인 작물 생산을 가능하게 한다. 이러한 기술은 우리의 식탁을 더욱 풍요롭고 안전하게 만드는 데 기여하고 있다.

결국 방사선은 공포의 대상이 아니라, 인간이 어떻게 관리하고 활용하느냐에 따라 재앙이 될 수도, 보호자가 될 수도 있는 힘이다. 보이지 않지만, 방사선은 매일 의료 현장과 산업, 농업, 환경 관리의 영역에서 우리의 건강과 삶을 지키는 '조용한 보안관'으로 기능하고 있다. 과학적 이해와 책임 있는 제도적 관리 위에서 방사선을 바라볼 때, 우리는 비로소 그 위험을 통제하고 그 가치를 온전히 활용하는 성숙한 사회로 나아갈 수 있다.

2장

—

세상을 따뜻하게 만드는
빛의 과학

우리는 흔히 방사선을 병원 진료실이나 원자력 발전소의 높은 담장 너머에서만 존재하는 특별한 기술로 떠올린다. 그러나 시선을 조금만 넓혀 보면, 방사선은 이미 우리의 일상 깊숙한 곳에서 말없이 세상을 지탱하는 빛으로 작동하고 있다. 공항과 항만의 보안 검색대에서는 가방을 열지 않고도 위험 물품을 찾아내어 수많은 사람의 안전한 이동을 가능하게 한다. 고고학과 문화유산 연구의 현장에서는 유물을 손상시키지 않은 채 과거의 시간을 되살려 인류의 기억을 복원한다. 또한 산업과 재난 대응의 최전선에서는 눈에 보이지 않는 위험을 가장 먼저 감지해, 소중한 생명과 재산을 지키는 조용한 파수꾼이 되어 왔다.

2장에서는 우리가 미처 의식하지 못한 순간에도 작동해 온 방사선 기술이 어떻게 일상의 안전과 편의를 넘어 문화와 역사, 그리고 사회적 신

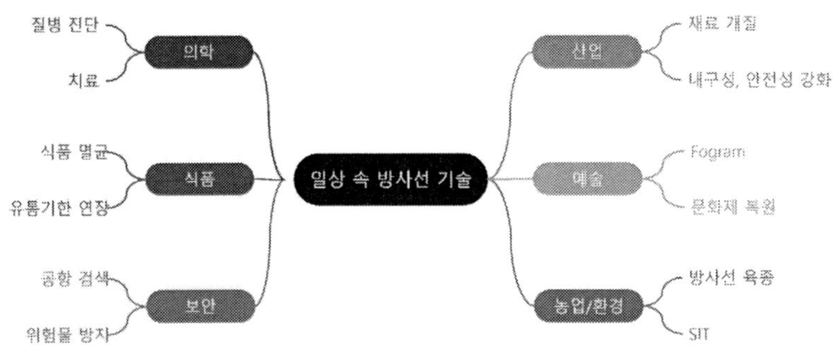

일상 속 방사선 기술 Radiation infographic

뢰를 떠받치는 보이지 않는 힘으로 기능하는지를 살펴보고자 한다. 차갑게 느껴졌던 방사선이 실제로는 세상을 따뜻하게 만드는 과학의 빛임을, 새로운 시선으로 바라보며 익숙한 일상 너머의 세계로 떠나 보자.

보이지 않는 눈의 진화

- 공항·항만 보안 스캐닝 및 식품 내 이물질 탐색

마약과 무기 관련 범죄는 지속적으로 증가하는 추세를 보이고 있고, 최근 5년간 불법 마약류 사범 단속 인원은 2020년 18,050명에서 2023년 27,611명으로 약 53% 급증하였으며, 언론 보도에 따르면 불법 무기 소지 및 판매 적발 건수 또한 최근 5년간 487건에 달하는 것으로 집계되었다.

이러한 수치는 마약과 무기 범죄가 더 이상 일부 계층의 문제가 아니

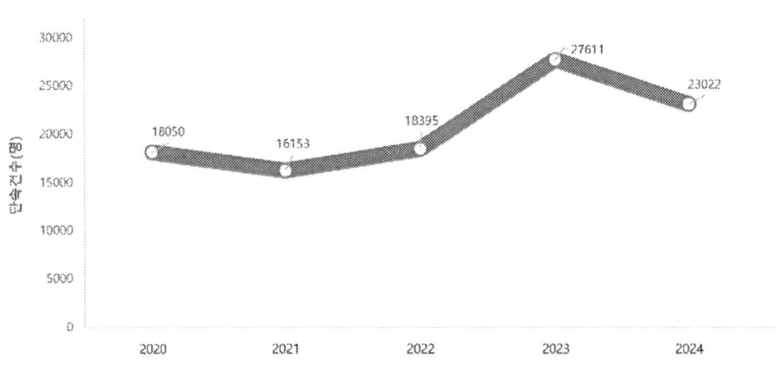

*자료 : 연도별 마약류 단속 현황 통계(식품의약품안전처, 2025)

라, 사회 전반의 안전과 질서를 위협하는 구조적 문제로 확산되고 있음을 보여준다.

마약 문제의 본질은 단순한 불법 약물 사용에 머무르지 않는다. 개인의 중독은 곧 가족과 직장, 지역 공동체로 파급되며, 사회 전체의 기능을 잠식하는 집단적 중독으로 확장된다. 특히 청년층에서의 마약 확산은 노동력 손실과 생산성 저하로 직결되고, 범죄·폭력·교통사고 등 2차 사회문제를 촉발하는 요인으로 작용한다. 실제로 우리나라 마약류 범죄 단속 인원은 2014년 9,984명에서 2023년 27,611명으로 약 2.8배 증가해, 사회적 위험이 빠르게 커지고 있음을 보여준다.

이로 인한 의료비 증가, 사회복지 비용 확대, 치안 유지 비용의 증가는 결국 국가 재정과 국민의 부담으로 귀결된다. 또한 약물로 인한 사망자 역시 최근 10년 사이 약 2.2배 늘었고, 특히 의료용 마약류로 인한 사망자는 3.8배 증가한 것으로 보고되고 있어 '치료·돌봄·안전' 전 영역에서 비용 압력이 커지는 양상이 확인된다.

실제로 예방과 단속에 투입되는 공공 자원은 해마다 증가하고 있으며, 2024년 기준 정부 대응 예산도 확대 기조가 뚜렷하다. 예컨대 식품의약품안전처의 마약류 안전관리 관련 예산은 2023년 174억 원에서 2024년 377억 원으로 늘어 약 2.2배 수준으로 확대되었고, 보건복지부의 중독 치료·재활 관련 예산도 지속적으로 증가하는 추세이다.

이는 마약 문제가 국가 경제의 효율성과 지속 가능성에 중대한 영향을 미치는 사안임을 분명히 보여준다.

이러한 위협에 대응하는 최전선에서 방사선 기반 보안 기술은 핵심적인 역할을 수행하고 있다. 공항 검색대에서 수하물이 X선 장비를 통과할 때, 이중 에너지 X선(dual-energy X-ray) 기술은 서로 다른 에너지가 물질에 흡수되는 특성을 이용하여 유기물과 금속류를 정밀하게 구분한다. 이를 통해 폭발물이나 마약과 같은 위험 물질을 비파괴적으로 탐지할 수 있으며, 최근에는 CT 원리를 접목한 3차원 밀도 영상 기술이 도입되어 수하물을 개봉하지 않고도 내부 구조를 입체적으로 확인할 수 있게 되었다.

항만과 국경 지역에서는 고에너지 감마선 기반 비파괴 검사 시스템이 컨테이너 전체를 스캔하여 불법 총기, 마약, 위험 물질의 반입을 감시하고 있다. 여기에 인공지능(AI) 보조 판독 시스템이 결합되면서, 과거에는 놓치기 쉬웠던 미세한 패턴과 이상 징후까지 자동으로 분석할 수 있게 되었고, 그 결과 탐지율과 판독 정확도는 비약적으로 향상되고 있다. 하루에도 수만 명의 승객과 수천 개의 화물이 이동하는 공항과 항만 환경에서, 빠르면서도 정확한 비파괴 탐지는 국가 안보를 지탱하는 핵심 인프라로 기능한다.

이에 따라 국제사회 역시 제도적 기준을 강화하고 있다. 유럽연합(EU)은 폭발물 탐지 장비에 대해 ECAC EDS Standard 3 인증을 받은 CT 장비만 공항에 설치하도록 규정하고 있으며, 미국 교통안전청(TSA)은 자동 판독 CT 시스템의 보급을 지속적으로 확대하고 있다. 또한 미국 관세국경보호청(CBP)은 고정식과 이동식 비파괴 검사 장비를 병행 운용하여 차량과 컨테이너를 대량으로 스캔하고, 무기·마약·방사성 물질을 실시간으로 탐지하는 통합 보안 체계를 구축하고 있다.

앞으로 보안 검색 분야는 AI 기반 3차원 영상 자동 식별 기술, 저선량·고속 CT 시스템, 이동형·모바일 스캐너 등으로 더욱 고도화될 것으로 전망된다. 보이지 않는 빛인 X선과 감마선은 이제 단순한 검사 수단을 넘어, 국경과 사회를 지키는 투명하고 지능적인 방패로 자리매김하고 있다. 이는 방사선 기술이 공공의 안전과 신뢰를 지탱하는 핵심 과학으로 진화하고 있음을 보여주는 상징적 사례라 할 수 있다.

방사선으로 지켜 온 생명

- 이온화형 화재감지기 이야기

불은 인류의 발전을 이끈 문명이기도 하지만, 동시에 가장 오래된 재난이다. 한 번의 화재는 단순한 물질적 피해를 넘어, 인간의 생명과 사회·경제 전반에 깊은 상처를 남긴다. 한국화재보험협회와 소방청 통계에 따르면 2024년 한 해에만 국내에서 약 4만 5천 건 이상의 화재가 발생하였고, 1천 명이 넘는 인명 피해와 1조 원 규모의 재산 손실이 발생했다. 이 중 상당수가 '연기 단계'에서 조기 탐지가 이루어졌다면 충분히 막을 수 있었던 사고였다. 화재의 확산 속도는 예상을 뛰어넘는다. 실내에서 화재 발생 시 불이 붙은 후 3~4분 이내에 유독가스와 열이 치솟으며 탈출이 어렵게 된다. 특히 연소 초기에 발생하는 미세 연기 입자는 맨눈이나 일반 센서로는 탐지하기 어렵다. 이때 중요한 역할을 하는 장치가 바로 이온화형 화재감지기이다.

가정·학교·호텔에 설치된 작은 화재감지기 속에는 '아메리슘-241(^{241}Am)'이라는 방사성 동위원소가 들어 있다. 이 감지기의 원리는 극미량(대부분 1 마이크로큐리 이하)의 ^{241}Am이 방출하는 알파선을 이용하는 것이다.

알파선은 감지기 내부의 공기 분자를 이온화하여 두 전극 사이에 아주 미세하지만 일정한 전류가 흐르게 만든다. 그런데 연기 입자가 유입되면 이온의 이동이 방해되어 전류가 감소하고, 감지기는 이 변화를 즉시 감지해 경보를 울린다.

이 방식의 가장 큰 장점은 '불꽃이 크게 번지기 전', 즉 연소가 빠르게 진행되는 상황에서 초기 경보를 내기 쉬운 구조라는 점이다. 특히 이온화형은 작은 연기 입자의 변화에 민감해 급격한 화염 화재에 빠르게 반응하는 장점이 있다. 반면, 광전식 감지기는 빛 산란을 이용해 연기를 감지하므로 훈소 화재에서 더 잘 반응하는 경향이 있으며, 실제 시험에서도 "화재 유형에 따라 감지기 응답 특성이 달라진다"는 연구 보고도 있다. 따라서 최근 안전 설계에서는 한 가지 원리에만 의존하기보다 광전식 또는 복합형 감지기를 함께 고려해, 화재 유형별 '사각'을 줄이는 방향으로 발전하고 있다.

방사선 화재감지기의 가치는 화재가 발생하더라도 조기에 감지해 대피·진압 시간을 확보한다는 데 있다. 또한 화학 반응을 쓰는 가스식(예: 일산화탄소 센서)이나 열감지기와 비교하면, 연기를 직접 감지하는 방사성 감지기는 일반적으로 "사람이 위험해지기 전" 경보를 제공하기 쉬워 주거·숙박 시설의 기본 안전장치로 자리 잡았다. 다만, 이온화형은 조리 연기·수증기 등 환경에 따라 오경보가 늘 수 있어 설치 위치와 환기 조건을 함께 설계하는 것이 중요하다.

이온화형 감지기의 도입은 단순한 기술적 혁신을 넘어 사회적 안전망의 확대를 의미했다. 실제로 규제 기관은 생명 보호 효과가 방사선 위험을 압도한다고 보고, 일반 가정이 별도 허가 없이 사용할 만큼 안전한 '유익한 사용(beneficial use)'으로 분류한다.

NRC 자료에 따르면, 이온화형 감지기는 1960년대부터 상용화가 확산되었고, 1970년대 초 주거 공간에서 급격히 보급되었다.

또한 2001년 NRC 연구에서는 감지기 2개를 사용하는 가정의 연간 피폭선량이 0.002mrem 미만으로 추정되는 등, 일상적 사용에서의 방사선 노출이 매우 낮게 평가된다.

우리나라에서도 2017년부터 모든 주택에 화재감지기 설치가 의무화되었고, 이후 주거 공간의 조기 경보 체계가 제도적으로 강화되었다. 더 중요한 것은 "왜 주택 감지기가 핵심인가?"인데, 소방청 통계에 따르면 2013~2022년에 주택 화재는 75,880건, 사망 1,452명으로 집계되며, 화재 100건당 사망자는 주택이 2.0명으로 비주택의 0.8명보다 약 2.5배 높다고 보고했다.

이온화 방식 연기 감지기

즉 주택·숙박 시설에서 몇 분 빠른 경보가 곧 생존 가능성을 좌우하기 때문에, 방사선 기반 감지기는 "보이지 않는 연기 변화를 전류 변화로 인지해" 인명 피해를 줄이는 과학적 안전 인프라로 중요한 역할을 하기 때문이다.

조기 감지와 대응의 경제적 효과 또한 막대하다. 미국 연방재난관리청(FEMA)은 조기 경보 시스템이 화재당 평균 피해액을 60% 이상 절감한다고 보고했다. 이는 단순히 재산 보호를 넘어, 복구 비용 절감, 생산성 손실 최소화와 의료비 절약 등 사회·경제 전반에 긍정적인 파급 효과를 가져온다. 앞으로는 광전식이나 가스 센서의 시그널을 AI로 분석해 오경보를 줄이고, 초미세 연기나 열 감지를 동시에 수행하는 스마트 감지 시스템으로의 발전이 예상되며, 사용 후 방사성 소자의 회수와 관리 체계가 강화되어 안전성과 환경적 책임까지 함께 담보하게 될 것이다.

이처럼, 이온화형 화재감지기는 눈에 보이지 않는 방사선의 힘으로 보이지 않는 위험을 미리 감지해 생명을 지키는 장치이다. 방사선은 위험의 상징이 아니라, 오히려 위험을 예측하고 생명을 구하는 기술적 동반자로 자리하고 있다.

오늘날 우리가 안심하고 잠들 수 있는 이유, 그것은 천장 위 작은 감지기 안에서 조용히 일하는 방사선 과학 덕분이라 할 수 있다.

탈화학 시대를 여는 방사선 기반 친환경 오·폐수 처리 기술

오늘날 환경 분야의 핵심 과제는 화학물질 사용을 최소화하면서도 안전성과 효율성을 동시에 확보할 수 있는 오·폐수 처리 기술을 구축하는 데 있다. 이러한 흐름 속에서 전자선(e-beam)이나 감마선과 같은 방사선을 이용한 오·폐수 처리 기술은 화학 약품 투입량을 줄이면서도 라디칼 반응을 통한 난분해성 유기물 분해와 살균을 동시에 달성할 수 있다는 점에서 기존 처리 방식의 한계를 보완하는 대안으로 주목받고 있다.

전통적인 산업 폐수 처리와 살균 공정은 강산·강알칼리, 염소계 산화제, 오존, 에틸렌옥사이드(EO) 가스 등 다양한 화학약품에 의존해 왔다. 이들 방법은 공정이 단순하고 초기 투자 비용이 낮으며, 운전 경험과 표준이 축적되어 즉각적인 적용이 가능하다는 장점을 갖고 있다. 또한 특정 색도나 악취와 같은 오염물질에 대해서는 약품 선택과 투입 조건을 조정해 선택적 처리가 가능하다는 실무적 강점도 있다.

그러나 화학 처리 공정은 구조적으로 몇 가지 취약점을 함께 안고 있다.

첫째, 2차 오염물과 염소 소독 부산물과 같은 유해 잔류물이 발생할 수 있다. 예컨대, 트리할로메탄(TTHMs)과 할로아세틱산(HAA5) 등이 있다.

둘째, 약품 저장·이송·혼합 단계에서 작업자의 안전 리스크가 크며,

서로 다른 약품이 잘못 혼입되면 유독가스가 발생할 수 있다.

셋째, 관리가 미흡하면 수질 오염 사고로 직결된다.

국내 한 염색산업단지의 사례는 공정의 허점이 어떻게 환경 재앙으로 이어지는지를 극명하게 보여준다. 하수처리장 공사 중 우회 배출로 인해 안티몬 성분을 함유한 14톤의 폐수가 유출된 사건은, 화학 기반 공정이 단순히 설비 운영에 그치는 것이 아니라 설계·시공·운전의 전 과정에서 '운전-감시-차단'이라는 안전 체계와 연결해 지속적으로 관리될 때 사고를 예방할 수 있음을 시사하는 사례라 할 수 있다.

해외에서도 '약품 자체'가 원인이 되거나, 혼합·반응 관리 실패로 사고가 커진 사례가 있다. 미국 화학안전위원회(CSB)는 차아염소산나트륨 등 산화제가 유기용매와 접촉할 때 반응성 물질(예: 메틸 하이포클로라이트)의 생성과 폭발 위험이 커질 수 있음을 여러 사고 조사 결과를 토대로 경고하고 있다.

결국, 전통적 화학 처리의 장점인 신속한 적용과 선택적 처리, 낮은 초기 비용 측면은 살리며 잔류·부산물 관리와 혼입 사고 방지라는 구조적 리스크를 줄이기 위한 보완 기술이 필요하다. 이런 맥락에서 방사선 기반의 친환경 처리 기술은 '약품을 대체'하기보다는 약품 사용량을 줄이고, 2차 오염과 안전 리스크를 낮추는 방향의 하이브리드(전처리/후처리) 옵션으로 검토할 가치가 커지고 있다.

전자선과 감마선을 이용한 방사선 처리 기술은 이러한 요구에 부합하는 과학적 해법을 제시한다.

방사선이 물에 조사되면 방사선분해(radiolysis) 현상이 거의 즉각적으로 일어나며, 물 분자는 매우 짧은 시간 내에 수산화 유리기($\cdot OH$), 수화

전자(e−aq), 수소 라디칼(H·)과 같은 반응성이 매우 높은 활성종이 생성된다. 이 가운데 ·OH는 표준 산화환원전위가 약 +2.8 V에 달하는 강력한 비선택적 산화제로, 대부분의 유기화합물과 확산 지배(diffusion-controlled) 반응을 일으킨다. 수화전자는 환원력이 매우 커(약 -2.9 V) 전자친화성이 높은 결합을 선택적으로 공격하며, H· 역시 부가·절단 반응에 관여한다.

이들 활성종은 염료 분자의 공액 이중결합(-C=C-)과 아조결합(-N=N-)을 효과적으로 절단하여 색도를 급격히 감소시키고, 분자 골격을 분해한다. 그 결과, 화학 약품을 추가로 투입하지 않고도 난분해성 유기물과 미생물을 효율적으로 제거할 수 있다.

특히 섬유 염색 폐수처럼 아조염료나 방향족 화합물, 계면활성제가 복합적으로 섞여 있는 경우에는 일반적인 미생물 처리만으로 오염 물질을 제거하는 데는 한계가 있다. 이때 전자선을 조사하면 색을 만들어 내는 분자 구조가 직접적으로 분해되어, 원래는 잘 분해되지 않던 물질이 미생물에 의해 처리되기 쉬운 형태로 바뀐다.

여러 실증 연구에 따르면 전자선 조사 후 폐수의 BOD/COD 비율은 기존 0.1~0.2ppm 수준에서 0.4~0.6ppm 이상으로 상승하는데, 이는 미생물이 이용 가능한 기질로 전환되었음을 의미한다. 즉 방사선 전처리를 거친 폐수는 활성슬러지나 생물막 공정에서 미생물의 기질 흡수 속도와 성장률이 증가하며, 후속 생물학적 처리 효율이 평균 20~50% 이상 향상되는 것으로 보고되고 있다.

이러한 원리는 단순히 색을 제거하는 데 그치지 않는다. 방사선을 조사하면 방향족 고리나 아조 결합처럼 원래 독성이 강하고 미생물의 활동을 방해하던 분자 구조가 잘게 분해되면서, 더 단순하고 독성이 낮은 물질로 바뀐다. 그 결과 오염 물질이 미생물 처리에 부담을 주지 않는 형태로 전환되어, 이후 정화 과정이 훨씬 수월하게 진행될 수 있다.

국제원자력기구(IAEA)와 다수의 파일럿 연구에 따르면, 전자선을 이용한 전처리를 적용할 경우 동일한 방류 수질 기준을 달성하는 데 필요한 생물학적 반응조의 체류 시간이 약 30~40% 단축되는 것으로 보고되었다. 이는 처리 효율이 높아져 시설 규모나 운영 부담을 줄일 수 있음을 의미한다. 또한 슬러지 발생량 역시 약 10~30% 감소하는 효과가 확인되어, 처리 비용 절감과 2차 폐기물 저감 측면에서도 큰 장점이 있는 것으로 평가된다.

이러한 기술적 장점은 실제 산업 현장에서도 검증되고 있다. 국내 염색산업단지의 실증 적용 사례에서는 전자빔 처리를 통해 화학적 산소 요구량(COD)과 생화학적 산소 요구량(BOD)을 추가로 약 30~40% 저감하였으며, 동시에 염소계 산화제와 응집제 사용량을 크게 줄여 약품 비용과 전체 처리 시간을 함께 절감하는 성과를 거두었다. 이는 방사선 공정이 단독 처리 기술이라기보다, 화학-생물학적 공정을 연결하는 고효율 전처리 기술로서 산업 폐수 처리의 지속 가능성을 실질적으로 높일 수 있음을 보여주는 사례라 할 수 있다.

방사선 기술의 활용은 환경 분야에 국한되지 않는다. 식품 산업에서도 방사선 조사는 병원성 미생물을 감소시키고 저장성과 안전성을 향상시키는 데 활용되며, 화학 보존제 사용을 줄이는 친환경적 대안으로 자리매김하고 있다. 앞으로 고출력 전자빔 장치의 개발과 인공지능 기반 공정 최적화 기술이 결합되면, 방사선 처리 비용은 더욱 낮아지고 적용

범위는 폐수 속 난분해성 화학물질과 염료 제거 등 다양한 영역으로 확장될 것으로 전망된다.

결국 방사선 처리 기술의 핵심 가치는 추가적인 화학약품 없이도 처리 효율을 높이고, 환경 잔류 부담을 줄이며, 자원과 에너지 절감을 동시에 실현할 수 있다는 데 있다. 지구 환경 보호와 지속 가능한 산업 발전이라는 관점에서 볼 때, 방사선 기술은 기후 위기 시대에 요구되는 탈화학·친환경 패러다임을 구현하는 중요한 해법이자, 미래 산업 생태계로의 전환을 이끄는 핵심 축으로 자리 잡아 가고 있다고 평가할 수 있다.

보이지 않는 빛으로
재료의 성질을 바꾸다

- 방사선 재료 개질

방사선 재료 개질은 방사선을 이용해 고분자(폴리머)의 분자 구조와 물성을 변화시키는 기술로, 전기·전자, 의료, 자동차, 에너지 산업 등 현대 산업 전반에서 폭넓게 활용되고 있다. 방사선이 고분자에 조사되면 분자 수준에서 가교 결합(cross-linking), 고리 절단(degradation), 그라프트 중합(graft polymerization)과 같은 물리·화학적 변환이 유도된다. 이러한 변화는 모두 방사선에 의해 생성된 자유 라디칼(free radical) 반응에 기반하며, 이를 제어함으로써 재료는 기존 고분자가 갖지 못했던 새로운 성능을 획득하게 된다.

먼저 방사선 가교 결합은 고분자 재료의 내부 구조를 근본적으로 변화시키는 핵심 메커니즘이다. 일반적으로 약 50~200 kGy 범위의 고에너지 감마선이나 전자선을 고분자에 조사하면, 고분자 사슬을 이루는 C-C 결합(탄소-탄소 결합) 또는 C-H 결합(탄소-수소 결합)이 에너지를 흡수하면서 부분적으로 끊어지고, 그 결과 분자 사슬 곳곳에 자유 라디칼이 생성된다.

이 자유 라디칼은 화학적으로 매우 불안정하기 때문에 주변에 존재하는 다른 고분자 사슬의 라디칼과 쉽게 결합하며, 사슬과 사슬을 서로 연결하는 역할을 한다.

그 결과, 개별적으로 존재하던 선형 고분자 사슬은 서로 얽히고 연결된 3차원 그물망(network) 구조, 즉 가교 구조를 형성하게 된다. 이 과정에서 고분자 사슬의 자유로운 움직임은 크게 제한되고, 사슬 간 미끄러짐이 억제되면서 재료 전체의 기계적 강도와 열적·화학적 안정성이 현저히 향상된다.

가교 결합의 가장 뚜렷한 물성 변화는 열적·기계적 안정성의 향상이다. 일반적인 열가소성 플라스틱은 가열하면 분자 사슬이 비교적 자유롭게 움직이면서 쉽게 연화되거나 녹지만, 가교된 고분자는 분자 사슬들이 화학적 결합으로 서로 연결되어 있어 고온에서도 형태를 안정적으로 유지한다.

이러한 구조적 차이로 인해 가교된 고분자는 내열성, 내화학성, 내마모성이 크게 향상되며, 외부 힘에 견디는 인장강도, 장시간 하중을 받아도 변형이 누적되지 않는 크리프(creep) 저항성, 그리고 온도 변화에 따른 치수 안정성 또한 함께 개선된다.

과학적으로 보면, 이는 가교 결합의 밀도가 증가할수록 고분자가 단단한 상태에서 고무처럼 유연한 상태로 전환되는 온도인 유리전이온도(Glass Transition Temperature, Tg)와 재료의 단단함과 변형에 대한 저항성을 나타내는 탄성계수가 함께 상승하기 때문이다. 또한 분자 사슬 사이의 간격이 줄어들면서 용매나 화학물질이 그 사이로 침투하는 것은 한층 어려워진다. 다시 말해 방사선 가교는 눈에 보이지 않는 분자 수준에서 고분자 사슬들을 '화학적 그물'처럼 촘촘히 엮어 줌으로써, 재료를 더 강하고 오래 사용할 수 있는 구조로 근본적으로 전환시키는 기술이라 할 수 있다.

이러한 가교 메커니즘은 더 이상 연구 단계에 머무르지 않고, 전선·케이블, 자동차, 전자소재, 의료기기 등 다양한 산업 현장의 생산 공정에 적용되고 있으며 실질적인 산업적 가치와 성과를 창출하고 있다. 그중에서도 전선·케이블 절연재 분야에서 활용되는 방사선 가교 폴리에틸렌(XLPE)은 이러한 기술이 산업 현장에서 어떻게 이용되고 있는지를 잘 보여주는 대표적인 사례라 할 수 있다.

XLPE는 고분자 사슬들이 촘촘히 연결된 구조 덕분에 고온 환경이나 장시간의 전기적 스트레스에도 쉽게 변형되거나 열화되지 않아, 기존 소재보다 훨씬 뛰어난 내열성과 전기 절연 성능을 보인다. 그 결과 전력 케이블과 산업용 전선에서 장기 내구성과 안전성을 확보하는 핵심 소재로 널리 활용되고 있다.

또한 열수축 튜브는 방사선 가교 기술의 특성을 직관적으로 보여주는 사례다. 방사선으로 가교된 고분자를 늘려 놓은 뒤 다시 가열하면, 분자 사슬이 처음의 가교 구조로 돌아가려는 성질이 나타나면서 튜브가 수축한다. 이 탄성 회복 특성 덕분에 열수축 튜브는 전기 배선 보호, 의료용 카테터 피복, 자동차 전장 배선 마감 등에서 필수적인 부품으로 사용되며, 외부 충격과 습기로부터 구조물을 효과적으로 보호한다.

의료 분야에서도 방사선 가교 기술의 활용은 빠르게 확대되고 있다. 하이드로겔, 콘택트렌즈, 인공관절용 폴리머 등에 이 기술을 적용하면 재료의 기계적 안정성이 향상되는 동시에 인체와의 친화성도 높아진다. 특히 방사선 가교로 제조된 고분자 구조는 체내 환경에서도 쉽게 분해되거나 변형되지 않아, 일정한 형태를 유지한 채 약물을 서서히 방출하는 약물 전달 매트릭스로 활용된다. 이처럼 방사선 가교는 재료의 물성을 강화하는 데 그치지 않고, 인체 내부에서도 신뢰할 수 있는 기능을 수행하도록 돕는 핵심 기술로 자리 잡고 있다.

한편 고리 절단(사슬 절단, degradation)은 방사선 조사로 인해 고분자 사슬이 끊어지면서 평균 분자량이 감소하는 현상을 의미한다. 이는 가교 결합과 상반되는 반응으로, 고에너지 감마선이나 전자선이 분자 결합에 에너지를 전달해 특정 결합을 절단함으로써 발생한다. 이 과정에서도 자유 라디칼이 생성되지만, 라디칼 간 재결합보다 사슬 절단 반응이 우세할 경우 짧은 분자 조각들이 형성된다. 그 결과 점도와 기계적 강도는 감소할 수 있으나, 분자량 감소로 인해 유동성, 가공성, 용해성이 향상되는 효과가 나타난다. 이러한 사슬 절단을 정밀하게 제어하면, 기존에는 난분해성이던 고분자를 생물학적으로 분해 가능한 구조로 전환하거나, 표면 반응성을 높여 기능성 소재로 활용할 수 있다. 예를 들어 의료와 환경 분야에서는 방사선을 이용한 사슬 절단 기술로 고분자의 분자량을 정밀하게 조절함으로써, 체내에서의 흡수 속도나 자연 분해되는 속도를 목적에 맞게 설계한 기능성 고분자 소재들이 다양한 용도로 개발되고 있다.

특히 생분해성 플라스틱 분야에서 고리 절단 기술은 중요한 역할을 한다. 폴리락타이드(PLA)나 폴리에틸렌(PE)에 방사선을 조사하면 분자 사슬이 짧아져 미생물에 의한 분해가 용이해지며, 이는 포장재, 일회용 용기, 농업용 필름 등 환경 부담을 줄이는 친환경 소재 개발로 이어진다. 또한 의료용 생체 재료에서는 방사선을 이용해 분자 사슬 길이와 밀도를 조절함으로써, 약물 전달용 고분자 매트릭스나 조직 지지체(scaffold)가 체내에서 일정 기간 후 자연스럽게 분해되도록 설계할 수 있다. 이를 통해 잔류물과 부작용 없이 안전한 치료가 가능해진다. 이 기술은 산업 폐플라스틱 재활용에도 활용되어, 회수된 폴리머의 가공성을 높이고 자원 순환을 촉진하는 데 기여하고 있다.

　그라프트 중합은 방사선을 이용해 기존 고분자 주사슬(backbone)에 새로운 기능성 분자를 화학적으로 결합시키는 기술로, 재료의 기본 골격과 기계적 특성은 유지한 채 표면이나 특정 영역에 새로운 성질을 부여하는 방식이다. 방사선이 고분자에 조사되면 주사슬이나 표면에서 자유 라디칼이 생성되고, 이 라디칼이 단량체(monomer)의 이중결합과 반응하면서 고분자 사슬에 가지 형태의 측쇄(side chain)가 형성된다. 이러한 과정은 재료 전체를 바꾸지 않고도 원하는 기능만 선택적으로 추가할 수 있어, 고분자 개질 기술 가운데서도 정밀성과 유연성이 뛰어난 방법으로 평가된다.

　그라프트 중합의 가장 큰 장점은 기존 재료가 지닌 우수한 물성은 그대로 유지하면서, 부족한 특성만 효과적으로 보완할 수 있다는 점이다. 예를 들어 내열성과 기계적 강도는 뛰어나지만 물과의 친화성이 낮은 고분자에는 친수성 단량체를 그라프트하여 표면의 젖음성이나 염색성을 개선할 수 있다. 반대로 구조적 강도는 충분하지만 생체적합성이 부족한 재료에는 생체 친화적 고분자를 접목해 의료용 소재로 활용 범위를 넓힐 수 있다. 이러한 응용이 가능한 이유는 그라프트 반응이 주로 표면이나 국부 영역에서 일어나 전체 고분자 구조의 안정성을 훼손하지 않기 때문이다. 다시 말해, 그라프트 중합은 재료의 본래 장점을 보존하면서 기능을 설계하듯 덧입히는, 과학적으로 매우 효율적인 개질 기술이라 할 수 있다.

그라프트 중합의 대표적 응용 분야로는 수처리용 막(membrane) 필터가 있다. 정수기, 반도체 초순수 공정, 의료용 정제 시스템에 사용되는 막은 오염물 부착, 투과 선택성, 내구성의 균형이 핵심인데, 방사선 그라프트 기술을 적용하면 막 표면에 친수성, 이온교환성, 항균성을 지닌 단량체를 선택적으로 도입할 수 있다. 이를 통해 단백질이나 미생물의 흡착을 줄이고, 특정 이온이나 분자만 선택적으로 통과시키는 정밀한 기능 제어가 가능해진다.

의료·바이오 분야에서도 그라프트 중합은 중요한 역할을 한다. 인공혈관, 콘택트렌즈, 약물 전달용 하이드로겔 등에 폴리에틸렌글리콜(PEG)과 같은 생체적합성 단량체를 그라프트하면, 혈액 단백질 흡착과 혈전 형성이 감소하고, 세포와의 비특이적 결합이 억제된다. 또한 약물 전달 시스템에서는 그라프트 된 사슬의 길이와 밀도를 조절함으로써 약물 방출 속도와 지속 시간을 정밀하게 설계할 수 있다. 이 공정은 촉매나 유기용매를 거의 사용하지 않아 화학적 잔류물이 극히 적으며, 방사선 조사만으로 반응이 유도된다는 점에서 인체 안전성이 높은 기술로 평가된다.

그라프트 중합은 섬유와 플라스틱의 표면 개질 기술로도 널리 활용된다. 염료와 결합하기 어려운 합성섬유 표면에 친수성 작용기를 도입하면 염색성 및 인쇄성이 향상되고, 세균 증식을 억제하거나 쉽게 오염되지 않는 방오 기능을 부여할 수도 있다. 또한 전자소자용 절연재나 케이블 피복재에 난연성 단량체를 그라프트함으로써, 재료의 기본 절연 성능은 유지하면서도 화재 시 연소 속도를 억제하는 효과를 얻을 수 있다. 이는 난연제가 단순 혼합이 아닌 화학적으로 결합된 형태이기 때문에, 장기간 사용 시에도 기능 저하가 적다는 장점을 지닌다.

이와 함께 전자선이나 자외선을 이용한 경화(curing) 기술은 방사선 에너지를 활용해 고분자 사슬 사이에 새로운 화학적 결합을 형성함으로써, 촘촘하고 안정적인 고분자 망(network) 구조를 만들어 내는 공정이다. 이 과정은 열을 가하거나 용매를 사용하는 기존 방식과 달리 별도의 가열 단계가 필요 없으며, 방사선이 조사되는 순간 반응이 즉시 진행된다. 그 결과 에너지 소모가 적고, 휘발성 유기화합물(VOCs) 배출이 거의 없어 환경 부담을 크게 줄일 수 있다.

또한 경화 시간이 수 초 이내로 매우 짧아 대량 생산에 유리하며, 공정 제어가 용이해 균일한 품질을 안정적으로 확보할 수 있다는 장점도 지닌다. 이러한 특성 덕분에 이 기술은 강판·합판의 표면 코팅, 인쇄 잉크와 보호 코팅, 전자회로 기판, 인공위성·항공우주용 복합재 등 다양한 산업 분야에서 폭넓게 활용되고 있다. 결과적으로 방사선 경화 기술은 고성능 소재를 빠르고 효율적으로 생산할 수 있게 하는 동시에, 친환경성과 생산성을 동시에 충족시키는 차세대 공정 기술로서 그 중요성이 지속적으로 확대되고 있다.

여름 한낮, 아스팔트 위를 달리는 자동차의 엔진룸 내부 온도는 100도를 훌쩍 넘는다. 뜨거운 열기 속에서도 수많은 전선과 부품이 안정적으로 기능을 유지할 수 있는 이유는, 눈에 보이지 않는 방사선 기술이 분자 구조를 단단히 묶어 주었기 때문이다. 이처럼 방사선 재료 개질은 보이지 않는 곳에서 현대 문명의 안전성과 신뢰성을 떠받치는 과학의 힘으로, 산업과 일상의 기반을 조용히 그러나 확실하게 강화하고 있다.

만약 전선이 열에 취약한 고무나 일반 플라스틱으로만 제작된다면, 고온 환경에서 다양한 문제가 발생할 수 있다. 주행 중 엔진룸의 열에 의해 전선 피복이 변형되거나 손상되고, 그로 인해 합선이 일어나 화재로 이어질 가능성도 배제할 수 없다.

이러한 위험을 근본적으로 차단해 주는 보이지 않는 힘이 바로 방사선 재료 개질 기술이다. 이 기술은 자동차에 국한되지 않는다. 전기밥솥, 드라이어, 전기난로와 같이 고온에 노출되는 가정용 전기제품의 내부 전선과 절연체에도 폭넓게 적용되고 있다.

방사선 가교 처리가 된 절연체는 열에 의해 쉽게 녹거나 약해지지 않

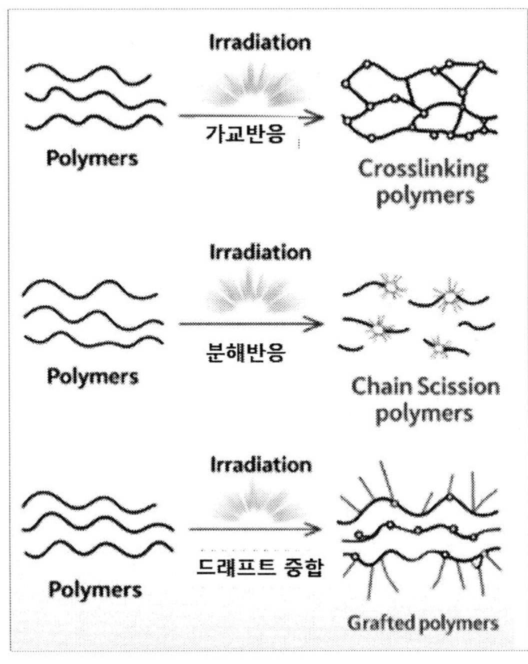

가교반응, 분해반응, 드래프트중합

기 때문에, 반복적인 조리와 난방 환경에서도 안정적인 성능을 유지한다. 만약 이러한 기술이 적용되지 않았다면, 전선 손상으로 인한 잦은 고장이나 누전, 나아가 화재 위험이 일상적으로 발생했을 것이다.

방사선 재료 개질 기술이 없다면 우리의 생활환경은 훨씬 불안정했을 가능성이 크다. 자동차는 잦은 전기 계통 고장과 화재 위험으로 신뢰를 얻기 어려웠을 것이며, 가정용 전열기기는 누전 사고로 인해 사용 자체가 부담스러운 제품이 되었을지도 모른다. 항공기 역시 고온·고하중 환경을 견디는 전기 시스템의 안정성을 확보하지 못해, 오늘날과 같은 안전하고 일상적인 교통수단으로 자리 잡기 어려웠을 것이다.

우리가 안심하고 전자제품을 사용하고, 자동차를 운전하며, 비행기를 탈 수 있는 배경에는 언제나 보이지 않는 방패와 같은 방사선 재료 개질 기술이 존재한다. 이 작은 과학적 혁신은 눈에 드러나지 않지만, 현대 문명의 안전과 신뢰를 지탱하며 우리의 일상을 조용히, 그러나 확실하게 지켜 주고 있다.

세계 1위의 비밀

- 반도체와 배터리 뒤에 숨은 방사선 기술

대한민국은 오늘날 세계가 인정하는 첨단산업 강국으로 확고히 자리매김하였다. 반도체와 배터리 산업에서 이룩한 눈부신 성취는 국가의 전략적 정책 지원, 기업의 지속적인 기술 혁신, 그리고 어떠한 도전 앞에서도 포기하지 않았던 한국 사회의 집요한 도전정신이 어우러진 결과라 할 수 있다. 이러한 축적된 노력은 한때 불가능으로 여겨졌던 기술의 한계를 넘어서는 동력이 되었으며, 대한민국을 세계 산업 질서의 중심에서 미래를 설계하는 주역으로 이끌고 있다.

그 출발점은 1980년대 초반으로 거슬러 올라간다. 정부는 기술 자립이 국가 경쟁력의 핵심임을 일찍이 인식하고 산업 정책의 방향을 미래지향적으로 전환하였다. '반도체 산업 육성 10개년 계획'을 수립하여 제도적·재정적 지원의 틀을 마련하고, 산학연 협력 체계를 통해 인재 양성과 기술 축적의 기반을 다졌다. 기업들 또한 불확실한 국제 시장 환경 속에서도 과감한 연구개발 투자를 지속하며 기술 경쟁력을 내실 있게 키워 나갔다. 그 결과, 단순한 기술 추격의 단계를 넘어 독자적인 설계와 공정 기술을 확보하게 되었고, 반도체 산업은 마침내 한국 경제를 지탱하는 핵심 산업, 이른바 '산업의 쌀'로 자리 잡게 되었다.

만약 삼성전자와 SK하이닉스가 존재하지 않았다면, 오늘날의 스마트폰은 단순한 통신 수단에 머물렀을지도 모른다. 이 표현은 결코 과장이 아니다. 우리가 일상적으로 사용하는 스마트폰과 노트북, 거실의 스마트 TV와 각종 지능형 기기는 모두 K-반도체 기술을 기반으로 작동하며, 이를 통해 세상과 유기적으로 연결된다. 반도체는 단순한 부품을 넘어 현대 문명의 신경망이라 할 수 있다.

이 반도체 기술의 핵심에는 '이온주입(ion implantation)'이라는 고도의 정밀 공정이 자리하고 있으며, 그 물리적 기반에는 방사선과 유사한 입자 가속 원리가 작동하고 있다. 이온주입 기술은 전하를 띤 원자, 즉 이온을 전기장으로 가속해 매우 빠른 속도로 실리콘 웨이퍼 내부에 주입함으로써, 반도체의 전기적 성질을 원자 수준에서 설계하는 공정이다. 오늘날 반도체 소자가 스위치처럼 켜지고 꺼지며 신호를 증폭·제어할 수 있는 것은 바로 이 정밀한 이온주입 공정 덕분이라고 할 수 있다.

반도체의 기능은 '도핑(doping)'이라는 과정을 통해 구현된다. 이는 순수한 실리콘에 극미량의 불순물 원자를 의도적으로 첨가해 전기가 잘 흐르도록 하거나, 특정 방향으로만 흐르게 만드는 기술이다. 이온주입 공정에서는 보론(B), 인(P), 비소(As)와 같은 도펀트 원자를 먼저 전하를 띤 이온 상태로 만든 뒤, 전기장으로 가속해 이온빔(ion beam) 형태로 웨이퍼 표면에 조사한다. 이 과정에서 이온들은 방사선 입자와 유사하게 높은 속도로 이동하며, 실리콘 결정 격자 사이를 통과해 내부로 침투한다.

주입된 이온은 실리콘 결정 내부를 통과하는 과정에서 충돌과 산란을 반복하며 점차 운동 에너지를 잃고, 사전에 설정된 평균 깊이(range)

부근에서 멈추어 결정 격자 내에 분포하게 된다. 이때 이온의 정지 깊이와 농도 분포는 이온의 종류, 가속 에너지(일반적으로 수십~수백 keV), 그리고 주입 선량(단위 면적당 이온 수, ions/cm²)을 정밀하게 조절함으로써 나노미터 수준까지 제어할 수 있다.

이온주입 이후에는 결정 격자의 손상을 복구하고 주입된 도펀트를 전기적으로 활성화하기 위해 고온 열처리(어닐링, annealing) 공정이 수행된다. 이 과정을 통해 도펀트 원자는 결정 격자의 치환 위치에 자리 잡으며, 반도체의 전기적 특성에 실제로 기여하게 된다.

예를 들어 보론(B) 이온을 주입하면 정공이 우세한 p형 반도체 영역이 형성되고, 인(P)이나 비소(As) 이온을 주입하면 전자가 풍부한 n형 반도체 영역이 만들어진다. 이러한 도핑 프로파일의 정밀 제어를 바탕으로, 반도체 내부에는 트랜지스터의 소스(source)와 드레인(drain) 영역이 구현되며, 채널(channel)은 게이트 전압이 인가될 때 도핑 구조와 전기장에 의해 형성·제어된다.

이온주입 공정의 과학적 강점은 깊이와 농도를 동시에 독립적으로 제어할 수 있다는 점이다. 과거의 확산(diffusion) 방식은 열에 의해 불순물이 퍼지면서 위치 제어가 어려웠지만, 이온주입은 입자의 에너지 자체로 침투 깊이를 결정하기 때문에 수 나노미터 단위의 정밀한 공정이 가능하다. 이 특성은 미세 선폭이 극도로 줄어든 최신 반도체 공정에서 필수적인 요소로, 고집적·고성능 소자 구현의 핵심 기술로 자리 잡았다.

또한 이온주입 기술은 공정의 균일성과 재현성 측면에서도 큰 장점을 지닌다. 이온빔은 웨이퍼 전면에 걸쳐 균일하게 조사될 수 있어, 대면적 웨이퍼에서도 도핑 농도의 편차가 매우 작다. 이는 한 장의 웨이퍼에서 수천 개 이상의 칩을 동시에 생산하는 반도체 제조 공정에서, 칩 간 성능 차이를 최소화하는 데 결정적인 역할을 한다. 더불어 공정이 고진공 상태에서 진행되고, 액체나 가스 형태의 화학약품을 직접 사용하지 않기 때문에 오염 가능성이 낮아 소자의 장기 신뢰성 또한 높다.

이온주입 공정은 적용 분야에 따라 그 중요성과 역할이 더욱 분명하게 드러난다. 메모리 반도체(NAND, DRAM)에서는 셀 하나하나가 전하를 저장하고 유지해야 하므로, 도핑 농도와 깊이를 정밀하게 제어하는 것이 필수적이다. 이온주입 기술은 셀 간 전기적 특성을 균일하게 구분함으로써 데이터 저장의 안정성을 높이고, 반복적인 읽기·쓰기 과정에서도 성능 저하를 최소화해 소자의 수명 향상에 기여한다.

로직 반도체와 핀펫(FinFET) 구조에서는 트랜지스터가 평면이 아닌 3차원 구조를 갖기 때문에, 채널을 따라 이온을 균일하게 주입하는 고난도의 공정 제어가 요구된다. 이온주입을 통해 채널의 전기적 특성을 정밀하게 조절하면 누설 전류를 효과적으로 억제할 수 있고, 이는 곧 스위칭 속도 향상과 저전력 동작으로 이어진다.

전력 반도체 분야에서는 높은 전압과 전류를 견뎌야 하므로, 일반 반도체보다 훨씬 깊은 영역까지 도핑이 필요하다. 고에너지 이온주입 공정을 통해 이러한 깊은 도핑 구조를 형성하면, 소자는 고전압에서도 안정적으로 동작할 수 있으며, 이는 전기차 인버터, 고속 충전기, 신재생에너지 변환 장치의 효율과 신뢰성을 좌우하는 핵심 요소가 된다.

또한 이미지 센서와 자율주행용 센서에서는 빛을 전기 신호로 변환하는 과정의 효율과 잡음 특성이 매우 중요하다. 이온주입을 이용해 전하 이동 경로와 포집 특성을 세밀하게 설계하면, 저조도 환경에서도 높은 감도를 확보하고 불필요한 노이즈를 줄일 수 있다.

나아가 AI 서버용 고성능 반도체에서는 수십 억 개에 이르는 트랜지스터가 동일한 조건에서 안정적으로 동작해야 한다. 이 때문에 이온주입 공정의 정밀성과 공정 간 반복성은 연산 결과의 신뢰성과 직결되는 핵심 기반이 된다

삼성전자와 SK하이닉스를 비롯해 인텔, TSMC와 같은 세계 유수의 반도체 기업들은 모두 고정밀 방사선 이온주입 장비를 활용하고 있으며, 그 기술의 핵심은 이온 에너지의 정밀 제어와 균일한 빔 분포 유지에 있다. 최근에는 탄소·질소 기반의 나노 이온주입 기술이나 양성자 빔을 이용한 저결함 주입 기술로까지 발전하며, 반도체의 성능과 내구성을 더욱 향상시키는 방향으로 진화하고 있다.

결국 반도체 공정에 적용되는 이온주입 기술은 방사선의 물리적 에너지를 활용해 실리콘 내부의 원자 구조를 정밀하게 설계하는 첨단 기술이라 할 수 있다. 눈에 보이지 않는 방사선이 실리콘 속 전자의 길을 설계함으로써, 초고속·초저전력 반도체라는 현대 산업의 핵심 성취를 가능하게 하고 있으며, 이는 대한민국 첨단산업 경쟁력의 중요한 기반으로 기능하고 있다.

세계는 지금 전기차 시대로 힘차게 나아가고 있다. 서울 도심을 달리는 전기차와 건물 옥상 태양광 패널 옆의 에너지 저장장치(ESS), 그리고 우리의 손안에 놓인 스마트폰에 이르기까지, 현대 문명의 핵심에는 언제나 배터리가 자리하고 있다. 배터리는 단순한 에너지 저장장치를 넘어, 이동과 소통, 산업과 일상의 기반을 떠받치는 핵심 기술로 기능하고 있다.

배터리 산업의 발전사에는 기술자와 연구자들의 집념과 헌신이 축적

된 도전의 서사가 담겨 있다. 리튬 이온 배터리 연구가 막 시작되던 시기, 한국은 세계 시장의 중심에서 다소 떨어진 위치에 있었으나, 연구자들은 전해질의 열적 불안정성, 분리막 수축, 전극 단락으로 인한 폭발 위험이라는 현실적 한계 속에서도 수천 번의 실험을 반복하며 해법을 모색하였다. 이러한 끈질긴 노력과 재료·공정 기술의 축적은 마침내 고에너지·고안전 배터리라는 성과로 이어졌고, 오늘날 세계를 선도하는 K-배터리 혁신의 토대가 되었다.

리튬 이온 배터리의 성능과 안전성을 좌우하는 핵심 요소는 분리막(separator)과 전해질(electrolyte)이다. 분리막은 양극과 음극이 직접 접촉해 단락(short circuit)이 발생하는 것을 물리적으로 차단하는 동시에, 리튬 이온만 선택적으로 통과시키는 다공성 고분자 막으로 설계된다. 이 구조 덕분에 배터리는 전기를 안전하게 저장하고 방출할 수 있으며, 분리막의 안정성은 곧 화재나 폭주 사고를 예방하는 핵심 조건이 된다.

전해질은 리튬 이온이 양극과 음극 사이를 이동하도록 돕는 이온 전달 매개체로서, 충·방전 속도, 출력 특성, 저온 성능, 그리고 전반적인 안전성에 직접적인 영향을 미친다. 전해질의 이온 전도도가 낮거나 화학적 안정성이 부족할 경우, 배터리는 성능 저하뿐 아니라 열 발생과 분해 반응으로 인한 위험성을 동시에 안게 된다.

이처럼 분리막과 전해질은 각각의 기능을 넘어 상호작용을 통해 배터리의 수명과 안전성을 결정짓는 핵심 소재이며, 이 두 요소의 성능을 동시에 향상시키기 위한 기술로 방사선 가교(cross-linking)와 방사선 유도 그라프트 중합(graft polymerization)이 중요한 역할을 담당하고 있다.

앞의 '방사선 재료 개질'에서 설명한 바와 같이, 감마선이나 전자빔과 같은 방사선을 고분자 재료에 조사하면 분자 사슬의 일부 결합이 끊어지면서 자유 라디칼(free radical)이 생성된다. 이 라디칼은 화학적으로 매우 반응성이 높아, 인접한 고분자 사슬과 다시 결합해 가교 결합을 형성하거나, 외부에서 공급된 단량체(monomer)와 반응하여 새로운 가지 구조, 즉 그라프트 사슬을 만들어 낸다. 이러한 과정은 열이나 화학 촉매를 필요로 하지 않으며, 방사선이 재료 전체에 균일하게 작용하기 때문에 고분자 내부에서 고르게 진행된다는 점이 중요한 특징이다. 다시 말해 방사선은 고분자 내부에서 눈에 보이지 않는 분자 수준의 '연결 고리'를 형성함으로써 재료의 물성을 근본적으로 변화시키는 역할을 한다.

이러한 방사선 가교 기술을 배터리용 분리막에 적용하면, 고분자 사슬 사이의 결합 밀도가 증가하여 고온 환경에서도 구조가 쉽게 무너지지 않는다. 일반적인 폴리에틸렌(PE)이나 폴리프로필렌(PP) 분리막은 약 120~140°C 부근에서 분자 사슬의 움직임이 급격히 커짐에 따라 수축하거나 녹아내릴 수 있지만, 가교 구조가 형성된 분리막은 분자 사슬들이 그물망처럼 연결되어 있어 형태 안정성이 크게 향상된다. 그 결과 배터리 내부 온도가 상승하더라도 분리막이 붕괴되지 않고 전극 간 접촉을 차단함으로써, 내부 단락(short circuit)을 효과적으로 예방하고 열폭주 가능성을 현저히 낮출 수 있다.

여기에 방사선 유도 그라프트 중합 기술을 적용하면, 분리막의 기계적 구조를 유지한 채 표면의 화학적 성질까지 정밀하게 조절할 수 있다. 예를 들어 친수성 작용기를 가진 단량체를 분리막 표면에 그라프트하면, 전해질이 분리막의 미세한 기공 내부까지 고르게 스며들게 된다. 그 결과 분리막과 전해질 사이의 습윤성(wettability)이 크게 개선되고, 리튬 이온이 이동할 때 받는 저항이 감소하여 이온 전도율이 향상된다. 이는 동일한 배터리 구조에서도 충·방전 효율을 높이고, 특히 저온 환경에서 출력 저하가 발생하기 쉬운 문제를 완화해 보다 안정적인 성능을 유지하게 만든다.

전해질 분야에서도 방사선 기술은 중요한 진화를 이끌고 있다. 방사선 조사를 통해 전해질 내 고분자 사슬을 부분적으로 가교하면, 액체 전해질의 과도한 흐름은 억제하면서도 리튬 이온이 이동할 수 있는 통로는 유지된 겔(gel)형 또는 고체 전해질 구조를 구현할 수 있다. 이러한 구조에서는 휘발성이 높은 유기 용매의 자유로운 이동이 제한되어 누액 위험이 줄어들고, 가연성 또한 크게 낮아진다. 그 결과 외부 충격이나 고온 조건에서도 화재 발생 가능성이 현저히 감소한다.

아울러 방사선 조사는 전해질 내에서 반응성을 높여 부반응을 유발하기 쉬운 불안정 분자나 잔류 불순물을 분해하는 데 기여한다. 방사선 에너지는 결합 에너지가 낮고 화학적으로 불안정한 물질에 상대적으로 큰 영향을 미치기 때문에, 이러한 성분들이 우선적으로 분해되며 전해질 조성이 보다 안정한 상태로 재편된다. 그 결과 전해질의 화학적 안정성이 향상되고, 장기간 충·방전을 반복하더라도 성능 저하가 완만해져 배터리의 수명 특성이 개선된다.

다시 말해 방사선 기술은 분리막과 전해질이라는 배터리의 핵심 구성 요소를 분자 수준에서 정교하게 조율함으로써, 성능과 안전성을 동시에 끌어올리는 기반 기술로 작동하고 있다.

이와 같은 방사선 기반 재료 개질 기술의 가장 큰 장점은 화학적 첨가제 없이도 분자 구조를 제어할 수 있다는 점이다. 잔류 용매나 독성 부산물이 거의 남지 않아 친환경적이며, 두께가 수십 마이크로미터에 불과한 분리막이나 전해질막 전체에 균일하게 적용할 수 있어 대량 생산 공정에도 적합하다. 이러한 특성 덕분에 방사선 가교와 그라프트 중합은 배터리의 안전성, 수명, 에너지 효율을 동시에 향상시키는 핵심 공정 기술로 자리매김하고 있다.

이러한 기술적 진보 덕분에 오늘날 전기차는 대형 배터리를 탑재하고도 폭발 위험 없이 도로 위를 달릴 수 있게 되었으며, 국제 유가 변동에 덜 의존하는 에너지 자립형 이동 수단으로 성장하였다. 스마트폰과 노트북 역시 한 번의 충전으로 장시간 사용이 가능해졌고, 인공지능 서버와 자율주행 시스템처럼 막대한 전력을 요구하는 신산업도 안정적인 에너지 저장 기술을 바탕으로 현실화 되고 있다.

반도체와 배터리 산업은 이제 단순한 기술 분야를 넘어 국가 경제를 견인하는 핵심 동력으로 자리하고 있다. 반도체가 대한민국 수출의 큰 비중을 차지하며 산업 경쟁력을 이끌고 있다면, 배터리 산업은 '제2의 반도체'로 불릴 만큼 글로벌 시장에서 전략적 중요성을 갖는다. 이와 같은 성과의 이면에는 눈에 잘 드러나지 않지만, 방사선 기술이 재료의 미세 구조를 정밀하게 설계하며 산업의 기반을 지탱해 온 사실이 존재한다.

방사선 가교와 방사선 그라프트 중합과 같은 첨단 공정 기술이 있었기에 대한민국은 배터리 산업에서 세계적 주도권을 확보하고, 고부가가치 소재와 수많은 일자리를 창출할 수 있었다. 마찬가지로 반도체 미세 공정과 고신뢰성 소재 개발에서도 방사선 기술은 핵심적 역할을 수행하며, K-배터리와 K-반도체의 글로벌 경쟁력을 조용히 그러나 결정적으로 뒷받침하고 있다.

　결국 반도체와 배터리 산업의 혁신은 눈에 보이는 성과로 나타나지만, 그 토대에는 조용히 작동하는 방사선 기술의 공로가 깊이 스며 있다. 이 보이지 않는 빛의 과학은 대한민국을 세계적인 기술 강국으로 이끌어 온 중요한 원동력이자, 미래 산업의 길을 밝히는 과학의 등불이라 할 수 있다.

방사선으로 진화하는 생명의 과학

- 보이지 않는 빛으로 새로운 생명을 창조하다

농업과 생명공학의 최전선에서도 방사선은 조용하지만 결정적인 역할을 수행하고 있다. 그 대표적인 사례가 방사선 육종(radiation breeding)으로, 방사선 물리학과 분자유전학의 원리를 결합해 식량과 생명의 미래를 설계하는 과학기술이다. 방사선 육종은 곡식·화훼·원예 작물의 종자나 배양 조직에 방사선을 조사하여 DNA 수준의 유전적 변이를 인위적으로 유도한 뒤, 그중 농업적으로 유용한 형질을 지닌 개체를 선발·육성하는 방식이다. 자연 상태에서는 수천~수만 년에 걸쳐 낮은 확률로 축적되는 돌연변이를, 방사선은 선량과 조사 조건을 정밀하게 제어한 실험 환경에서 단기간에 재현함으로써 육종의 시간 축을 획기적으로 단축시킨다.

이러한 접근의 이론적 기반은 생물 진화의 핵심 원리인 변이와 선택에 있다. 모든 생물의 유전적 다양성은 DNA 염기서열의 우연한 변화에서 출발하며, 자연 선택은 환경에 유리한 변이를 지닌 개체를 살아남게 한다. 방사선 육종은 이 자연적 변이 발생 단계를 물리적으로 가속하는 기술로, 선택 과정 자체는 기존의 전통 육종과 동일하다. 즉 방사선은 새로운 유전 정보를 '설계'하는 도구가 아니라, 자연 진화가 제공하는 변이의 폭을 넓혀 주는 촉매 역할을 수행한다.

실제 공정에서는 감마선, X선, 전자빔, 중성자선 등이 활용된다. 이러한 방사선은 세포 내 물 분자를 방사선분해(radiolysis)하여 활성 라디칼을 생성하거나, DNA 이중가닥에 염기 치환, 결실, 미세 재배열과 같은 손상을 유도한다. 세포는 이러한 손상을 복구하는 과정에서 오류를 남길 수 있으며, 그 결과 유전적 변이가 고정된다. 이때 발생하는 변이는 자연 방사선이나 자외선, 화학적 요인에 의해 일어나는 자연 돌연변이와 본질적으로 동일한 유형에 속한다. 다시 말해 방사선 육종은 특정 유전자를 외부에서 삽입하거나 조작하는 것이 아니라, 기존 유전체 내부에서 발생 가능한 변이의 빈도를 인위적으로 높이는 과학적 방법이다.

이러한 특성 때문에 방사선 육종으로 개발된 품종은 유전자 변형 작물(GMO)과 명확히 구분된다. GMO가 특정 유전자를 인위적으로 삽입하거나 제거해 목적 형질을 직접 구현하는 기술이라면, 방사선 육종은 자연적 돌연변이의 범위 안에서 변이를 유도한 뒤 선발하는 방식에 속한다. 실제로 국제원자력기구(IAEA)와 유엔식량농업기구(FAO)는 방사선 육종 품종이 자연 돌연변이와 과학적으로 구별되지 않으며, GMO에 해당하지 않는다고 공식적으로 규정하고 있다.

이러한 이론적·제도적 기반 위에서 방사선 육종은 식품 안전성, 환경 영향, 생태계 교란에 대한 우려를 최소화하면서도 병해충 저항성 향상, 수확량 증가, 내염·내건성 등 기후 변화 대응 형질 개발에 효과적으로 활용되고 있다. 즉 방사선 육종은 눈에 띄는 유전자 조작 기술이 아니라, 자연 진화의 원리를 과학적으로 이해하고 활용한 결과물로서, 인류의 식량 안보와 지속 가능한 농업을 뒷받침하는 핵심 기반 기술로 자리매김하고 있다.

예를 들어 특정 해충에 취약하던 작물에서 저항성 돌연변이가 선발될 경우, 농약 사용량을 20~40%까지 줄일 수 있다는 실증 연구도 보고된 바 있다. 이는 농가의 직접 비용 절감은 물론, 토양과 수질 오염 저감이라는 환경적 편익으로도 이어진다.

벼, 보리, 콩, 밀과 같은 주요 식량 작물뿐 아니라 장미·국화·토마토 등 화훼와 원예 작물 분야에서도 방사선 육종의 성과는 뚜렷하다.

전 세계적으로 IAEA 데이터베이스에 등록된 방사선 육종 품종은 3,400종 이상이며, 이 중 상당수가 현재 상업적으로 재배되고 있다. 우리나라에서는 한국원자력연구원과 농촌진흥청이 1960년대부터 공동 연구를 수행해 왔으며, 녹원찰벼를 비롯한 다수의 품종이 현장에 보급되어 농가 소득 증대와 식량 자급률 향상에 기여하고 있다.

방사선 육종의 가치는 경제성 측면에서도 분명하다. 전통적인 교배 육종은 목표 형질을 안정화하는 데 평균 10~15년이 소요되지만, 방사선 육종은 변이 유도를 통해 5~7년 내 상업화가 가능하다. 이는 연구·개발 비용을 약 30~50% 절감하는 효과로 이어지며, 품종 보호권 등록과 종자 산업을 통한 부가가치 창출에도 유리하다. 실제로 일부 국가에서는 방사선 육종 품종이 전체 주요 작물 재배 면적의 10~20%를 차지하며, 국가 농업 경쟁력의 핵심 요소로 활용되고 있다.

생태학적 관점에서도 방사선 육종은 지속 가능한 해법으로 평가된다. 내병성·내재해 품종의 확산은 농약과 화학 비료 사용을 감소시켜 생물다양성 보전과 토양 미생물 생태계 안정화에 기여한다. 또한 기후 변화로 인한 병해충 증가, 가뭄, 염류화 토양 확산과 같은 위기에 대응할 수 있는 형질을 신속히 확보할 수 있어, 기후 적응형 농업 전략의 핵심 도구로 주목받고 있다.

이와 함께 방사선은 해충 방제 분야에서도 혁신적인 해법을 제시한다. 그 대표적인 기술이 불임충 방출법(Sterile Insect Technique, SIT)으로, 방사선을 이용해 해충의 생식 능력만을 선택적으로 차단함으로써 생태계를 훼손하지 않고 개체 수를 조절하는 과학적·친환경 방제 방법이다. 이 기술의 이론적 기반은 해충 개체군의 증식이 성공적인 번식에 의해 유지된다는 생태학적 원리에 있으며, 번식 고리를 끊으면 살충제 없이도 개체군을 장기적으로 감소시킬 수 있다는 점에 착안한다.

불임충 방출법에서는 방사선으로 불임화된 수컷 곤충을 대량 사육해 자연환경에 방출한다. 야생 암컷이 이 수컷과 교미하더라도, 수정란에서 배아 발달이 중단되거나 부화율이 급격히 낮아진다. 이 과정이 세대를 거듭해 반복되면, 새로운 개체의 유입이 줄어들면서 해충 개체군은 자연스럽게 감소한다. 핵심은 방사선이 곤충을 죽이거나 독성을 남기는 것이 아니라, 생식세포 DNA에 염색체 절단·재배열과 같은 이상을 유도해 '우성 치사(dominant lethal)' 효과를 발생시키는 것이다. 이로 인해 수정은 일어나더라도 정상적인 번식이 불가능해진다.

실제 적용에서는 감마선이나 전자선이 주로 사용된다. 방사선 조사는 곤충의 생존력과 비행 능력, 짝짓기 행동에는 최소한의 영향을 주면서, 정자나 난자가 만들어지는 감수분열과 성숙 단계에서 유전 정보의 정확한 복제와 분리를 방해하도록 설계된다. 곤충의 종과 발달 단계에 따라 수십~수백 Gy 범위에서 선량을 정밀하게 조절하며, 불임 효과는 충분히 확보하면서도 활동성이나 교미 성공률과 같은 야외 경쟁력은 유지하는 균형점을 찾는 것이 기술의 핵심 과제다.

이러한 과학적 정밀성 덕분에 SIT는 화학 살충제 사용에서 흔히 발생하는 내성(tolerance) 문제를 근본적으로 회피할 수 있으며, 표적 해충 종에만 작동하는 종 특이적 방제로 설계될 수 있다. 또한 토양, 수질, 비표적 생물에 대한 2차 피해가 거의 없어 생태계 보전 측면에서도 장점이 크다. 실제로 과일파리, 나방류, 모기 등 다양한 해충 관리에 국제적으로 활용되어 왔으며, 장기적이고 안정적인 개체군 억제가 가능하다는 점에서 현대 해충 방제의 중요한 대안으로 평가된다.

불임충 방출법의 대표적인 성공 사례로는 미국과 멕시코가 공동으로 추진한 나사파리(New World screwworm) 방제 사업이 널리 알려져 있다. 이 사업은 방사선을 이용해 수컷 나사파리의 생식세포 DNA에 치명적인 염색체 이상을 유도함으로써 번식 능력만을 선택적으로 제거한 뒤, 이들을 대량으로 자연에 방출하는 전략을 기반으로 한다. 불임 수컷이 야생 암컷과 교미하더라도 다음 세대가 태어나지 않기 때문에, 세대가 반복될수록 개체 수는 자연스럽게 감소하게 된다.

이러한 과학적 방제 전략을 통해 미국은 1960년대 중반 나사파리의 완전 박멸을 선언할 수 있었으며, 이후 재유입을 차단하기 위해 파나마 지역에 불임충 생산·방출 시설을 설치해 일종의 '생물학적 방어선'을 유지하는 체계로 발전시켜 왔다. 이 사례는 방사선이 생태계를 훼손하지 않으면서도 특정 해충만을 정밀하게 통제할 수 있는 강력한 도구로 활용될 수 있음을 보여주는 대표적 성과로 평가된다.

방사선은 농산물 검역 분야에서도 중요한 역할을 한다.

방사선 검역조사(Phytosanitary irradiation)는 과일·채소·곡물에 잔존하는 해충의 성장·변태·번식 능력을 억제해 검역 요건을 충족시키는 기술로, 농산물의 외형과 맛, 영양 성분에는 영향을 최소화하면서도 높은 안전성을 확보할 수 있다. 국제적으로는 방사선을 이용한 해충 관리에서 '살충'이 아닌 '번식 불능 또는 발달 차단'을 목표로 하는 접근이 표준으로 자리 잡아 왔다. 특히 농산물 검역 분야에서는 국제식물보호협약(IPPC)에 따라, 해충을 즉시 사멸시키기보다는 다음 세대로 이어지지 못하도록 만드는 비교적 낮은 선량의 방사선 처리가 적용된다. 이때 사용되는 선량은 대상 해충군에 따라 대체로 150~400Gy 범위로 설정되며, 이는 곤충의 생존력은 유지하되 정상적인 발생과 번식을 차단하는 수준이다.

무엇보다 자주 오해되는 지점은 '조사(照射) = 방사능(放射能) 잔류'가 아니라는 사실이다. 즉 방사선 검역은 물질에 방사성 동위원소를 '묻히는' 공정이 아니라, 외부에서 에너지를 순간적으로 조사해 번식이나 발달과 같은 생물학적 기능을 교란하는 처리이므로, 처리 후 농산물에 방사선이 남지 않는다는 점이다.

또한 이 기술은 IPPC를 비롯한 국제 검역 기준의 엄격한 관리 체계 아래에서 운영된다. 선량 측정과 최소·최대 선량 범위의 설정, 공정 검증, 처리 이력에 대한 추적성 확보가 제도적으로 요구되기 때문에, 처리 효과의 재현성과 안전성을 국제적으로 담보할 수 있다. 이는 국가 간 검역 분쟁을 줄이고, 동일한 기준에 따른 상호 신뢰를 구축하는 데 중요한 역할을 한다.

이러한 방사선 검역 기술은 메틸브로마이드와 같은 화학 훈증제를 대체하려는 국제적 흐름과 맞물려 더욱 주목받아 왔다. 메틸브로마이드는 강력한 살충·살균 효과로 오랫동안 검역에 사용되었으나, 오존층을 파괴하는 물질로 규정되어 몬트리올 의정서에 따라 단계적 사용 제한과 퇴출이 진행되고 있다. 또한 인체 독성과 잔류 위험, 작업자 안전 문제, 훈증 후 환기와 폐기 과정에서의 환경오염 문제 역시 지속적인 논란의 대상이 되어 왔다. 이에 비해 방사선 검역은 잔류 화학물질을 남기지 않으며, 처리 후 즉시 유통이 가능하다는 점에서 환경적·위생적 장점을 동시에 지닌다.

최근에는 글로벌 물류와 신선 농산물 유통이 확대되면서, 품질 저하를 최소화하면서도 검역 요건을 충족할 수 있는 기술의 필요성이 더욱 커지고 있다. 방사선 처리는 과일의 숙성 지연, 곤충의 생식 억제 등 목표 효과를 정밀하게 달성하면서도 외관과 식감, 영양 성분에 미치는 영향을 최소화할 수 있어, 검역 장벽을 넘는 현실적인 대안으로 활용 논의가 지속적으로 강화되고 있다.

물론 방사선 시설 구축과 선량 관리에는 높은 기술적 기준과 초기 투자가 요구된다. 그러나 이러한 조건은 오히려 공정의 표준화와 품질 관리 체계를 공고히 하고, 국제 사회에서의 신뢰성을 높이는 기반으로 작용한다. 요컨대 방사선은 농업과 생명공학 영역에서 파괴의 도구가 아니라, 식량 안보·환경 보호·국제 교역의 지속 가능성을 동시에 뒷받침하는 창조적 과학기술로 자리매김하고 있다.

—

3장

생명을 살리는 과학
- 방사선 진단 및 치료

보이지 않는 한 줄기 빛은 생명을 키우고, 그 빛을 이해하고 다루는 인간의 지혜는 생명을 지켜낸다. 방사선은 한때 두려움과 경계의 대상이었으나, 오늘날에는 생명의 구조를 이해하고 상처 입은 삶을 회복시키는 과학이자 인간 의지의 산물로 자리매김하였다.

영상의학과 핵의학 영상은 인체 깊숙한 곳에 숨겨진 질병에 관한 비밀을 정밀하게 드러내며, 방사선 치료는 고통 속에 놓인 세포 하나하나에 희망의 빛을 비춘다. 과학적 정확성과 인간의 따뜻한 이성이 만나는 지점에서, 방사선은 단순한 기술을 넘어 삶을 다시 써 내려가는 언어로 확장된다.

이제 우리는 이 빛이 어떻게 인류의 두려움을 이해로 바꾸고, 절망을 희망으로 승화시켜 왔는지를 차분히 되짚어 보고자 한다. 방사선이 걸어온 길은 곧 인간이 보이지 않는 세계를 이해하고, 그 힘을 생명과 공존을 위해 사용해 온 지성의 역사이기 때문이다.

인체의 내면을 탐구하다

- 영상의학 이야기

1895년 겨울, 독일 뷔르츠부르크 대학의 물리학자 빌헬름 콘라트 뢴트겐은 음극선관 실험을 수행하던 중 과학사의 흐름을 바꾸는 발견에 도달하였다. 전구 모양의 진공관에 전압을 인가해 전자의 운동을 관찰하던 그는, 실험대 인근의 형광판이 어둠 속에서 은은하게 발광하는 현상을 확인하였다. 더욱 주목할 점은 진공관을 검은 종이로 감싸도 형광판의 빛이 사라지지 않았다는 사실로, 이는 기존의 어떤 빛이나 입자와도 구별되는 새로운 에너지의 존재를 시사하였다.

뢴트겐은 이 미지의 현상을 직관적으로 인식하고, 그 정체가 밝혀지지 않았다는 의미에서 이를 'X선(X-ray)'이라 명명하였다.

X선의 발견은 단순한 과학적 호기심의 성과를 넘어 의학의 패러다임을 바꾼 혁명적 사건이었다. 인류는 처음으로 인체 내부를 비교적 안전하게 관찰할 수 있게 되었고, 골절의 형태나 체내 이물의 위치를 정확히 파악함으로써 진단과 치료의 정확도를 비약적으로 향상시킬 수 있었다. 이러한 공로를 인정받아 뢴트겐은 1901년 제1회 노벨 물리학상을 수상하였으며, X선은 인류 공동의 지적 자산으로 자리매김하였다.

현대의 의료용 X선 장치는 이러한 원리를 정교하게 구현한다. 전자총에서 방출된 전자가 수십에서 수백 킬로볼트(kV)의 고전압으로 가속되어 금속 표적에 충돌할 때, 금속 원자의 전자껍질 변화로 특성 X선이 발생하고, 동시에 전자가 핵의 전기장에 의해 급격히 감속되며 제동 방사선(bremsstrahlung)이 방출된다. 이 두 과정이 결합되어 의료 영상에 활용되는 X선이 생성된다.

이후 영상의학은 2차원 평면 영상을 넘어 인체 내부를 입체적으로 이해하는 3차원 시각화의 시대로 도약하였다. 이러한 전환의 출발점은 1970년대 초, 영국의 공학자 고드프리 하운즈필드(Godfrey Hounsfield)와 미국의 물리학자 앨런 코맥(Allan Cormack)이 제시한 혁신적 발상이었다. 이들은 X선을 인체에 여러 각도로 조사한 뒤, 그 투과 신호를 컴퓨터에서 수학적으로 재구성하면 인체 내부를 단면 영상으로 표현할 수 있다는 개념을 정립하였고, 이는 전산화단층촬영(Computed Tomography, CT)의 탄생으로 이어졌다.

CT의 핵심 원리는 조직마다 서로 다른 X선 흡수 특성을 수치화하여 단층 영상으로 재구성하는 데 있다. 뼈, 혈액, 연부 조직은 밀도와 원자 조성이 달라 X선 감쇠 정도가 서로 다르며, CT는 이 차이를 정량적으로 계산해 회색조 영상으로 표현한다. 이를 통해 기존 X선 촬영으로는 겹쳐 보이던 구조를 분리해 관찰할 수 있게 되었고, 인체 내부를 해부학적으로 '층별' 분석을 통해 관찰할 수 있는 길이 열렸다.

이 기술적 도약은 임상 진단의 속도와 정확도를 획기적으로 향상시켰다. CT는 뇌출혈, 뇌경색, 다발성 외상, 장기 파열과 같은 응급 질환을 수 분 이내에 정확히 진단할 수 있게 함으로써 응급의학의 패러다임을 근본적으로 변화시켰다. 특히 의식 저하 환자나 외상 환자처럼 신속한 판단이 생명을 좌우하는 상황에서 CT는 가장 먼저 선택되는 핵심 진단 도구로 자리 잡았으며, 더 발전한 다중검출기 CT(MDCT)의 개발로 촬영 속도와 해상도는 더욱 향상되었고, 단면 영상은 3차원 재구성과 가상 내시경, 혈관 영상으로 확장되었다. 그 결과 CT는 단순한 병변 발견을 넘어 질환의 범위 평가, 치료 계획 수립, 수술 및 중재 시술의 길잡이 역할까지 수행하게 되었다. 폐암, 간암, 췌장암 등 주요 암종의 병기 결정, 대동맥 질환과 폐색전증의 정밀 진단 역시 CT 없이는 설명하기 어려운 영역이 되었다.

결과적으로 X선은 인체 내부를 비침습적으로 해부할 수 있게 만든 기술적 혁신이자, 진단의 정확성·속도·객관성을 동시에 확보한 현대 의학의 핵심 인프라로 평가된다. 2차원의 그림자에 머물던 영상의학을 3차원의 해부학적 현실로 확장시킨 CT의 등장은, 단순한 장비 개발을 넘어 의학이 질병을 인식하고 대응하는 방식 자체를 바꾸어 놓은 과학사적 전환점이라 할 수 있다.

1980년대에는 방사선을 사용하지 않는 자기공명영상(Magnetic Resonance Imaging, MRI)이 등장하여 영상의학의 또 다른 지평을 열었다. MRI는 강력한 자기장과 라디오파를 이용해 인체 내 수소 원자핵의 신호를 감지하고 이를 고해상도 영상으로 재구성하는 기술로, 특히 뇌·척수·근육·인대 등 연부 조직을 선명하게 관찰할 수 있다는 점에서 탁월한 장점을 지닌다. 더 나아가 기능적 자기공명영상(fMRI)은 뇌혈류와 산소 소비 변화를 시각화함으로써 뇌 기능과 신경 회로의 활동을 분석할 수 있게 하여, 신경과학과 임상의학의 경계를 크게 확장하였다.

1990년대 이후에는 PET-CT가 개발되어 구조적 영상에 대사 정보를 결합함으로써 암세포의 기능적 활동까지 포착할 수 있는 정밀 진단 시대를 열었다. 이로써 영상의학은 단순한 형태 관찰을 넘어 기능과 대사, 질병의 진행 과정을 종합적으로 이해하는 통합 과학으로 발전하였다.

오늘날 CT와 MRI는 3차원 재구성과 정밀 의료의 핵심 기반으로 자리 잡아, 심장과 뇌의 미세 혈관까지 시각화한 영상을 토대로 안전하고 정교한 치료 계획 수립을 가능하게 한다. 여기에 인공지능(AI)이 결합되면서 최적의 검사 선택과 판독 보조, 환자 맞춤형 진단이 실현되고 있다. 수천만 장의 영상 데이터를 학습한 AI는 영상의학 전문의의 판단을 보완하는 동반자로 기능하며, 정밀 진단의 새로운 표준을 형성해 가고 있다.

AI 기반 X선 판독은 단순히 컴퓨터가 의료 영상을 인식하는 수준을 넘어, 방대한 임상 데이터를 학습한 인공지능이 의사의 시각적 판단 과정을 통계적·수학적으로 재현하는 지능형 진단 시스템으로 발전하였다. 이 기술의 핵심에는 심층학습(deep learning), 특히 합성곱 신경망(Convolutional Neural Network, CNN)이 자리하고 있다.

AI 판독 시스템은 수십만에서 수백만 장에 이르는 X선 및 CT 영상을 학습 데이터로 활용한다. 이 과정에서 각 영상은 정상과 이상, 병변의 유형, 위치, 크기, 중증도 등에 대한 정답(label)이 함께 제공되며, 이러한 '지도 학습(supervised learning)'을 통해 신경망은 병변이 지닌 공통적인 형태학적 특징을 점진적으로 추출한다. 초기 단계에서는 명암 대비나 경계선과 같은 단순한 저차원 특징을 인식하고, 학습이 반복될수록 결절의 윤곽, 폐야 내 미세 음영, 골절선의 방향성, 종양 주변 조직 변화와 같은 고차원적 패턴을 스스로 축적하게 된다.

합성곱 신경망은 영상의 픽셀을 그대로 해석하는 것이 아니라, 필터(filter)와 계층(layer)을 통해 의미 있는 특징을 단계적으로 추출한다. 이 과정은 인간 의사가 X선을 판독할 때 먼저 전체 구조를 훑고, 이후 의심 부위를 확대해 세부 소견을 확인하는 인지 과정과 유사하다. 다만 AI는 수많은 사례를 통계적으로 학습하기 때문에, 육안으로는 구분하기 어려운 미세한 명암 차이나 반복적으로 나타나는 병변 패턴까지 정량적으로 포착할 수 있다.

새로운 X선 영상이 입력되면, AI는 픽셀 단위의 정보를 분석해 정상 분포에서 벗어난 영역을 탐지하고, 해당 부위가 특정 질환일 확률을 수치로 제시한다. 동시에 병변의 위치를 히트맵(heatmap) 형태로 시각화하여 의료진이 직관적으로 확인할 수 있도록 도울 뿐만 아니라 판독의 일관성을 높이고, 응급 상황이나 대량 검사 환경에서 놓치기 쉬운 병변을 보조적으로 경고하는 역할을 수행한다.

이러한 AI 판독 시스템은 인간의 시각적 직관과 경험을 수학적 알고리즘으로 정교하게 구현한 의료 인공지능 모델이라 할 수 있다. 기술의 발전 속도 또한 매우 빠르며, 미국 국립보건원(NIH)과 스탠퍼드대학교 연구진의 분석에 따르면 AI의 폐렴 검출 정확도는 숙련된 영상의학 전문의와 동등하거나 일부 항목에서는 이를 능가하여 약 95% 이상의 정확도를 보이는 것으로 보고되었다. 이는 AI가 임상 현장에서 실질적인 진단 역량을 갖춘 도구로 자리매김하고 있음을 보여준다.

과거에는 의료진이 수백 장의 CT나 MRI 영상을 일일이 판독하며 미세한 병변을 찾아내기 위해 오랜 시간 집중해야 했으나, 오늘날 AI는 이러한 부담을 덜어 주는 든든한 동반자로 기능하고 있다. AI는 단 몇 초

만에 방대한 영상 데이터를 분석하고, 인간의 시각으로는 놓치기 쉬운 미세한 이상 부위까지 탐지함으로써 진단 과정의 효율성과 정확성을 동시에 향상시킨다. 이러한 변화는 단순한 작업 속도 개선을 넘어, 의료 진단의 신뢰성과 환자 안전성을 한 단계 끌어올리는 혁신적 전환점이라 할 수 있다.

실제로 AI는 다양한 의료 영상 진단 영역에서 뚜렷한 성과를 보이고 있다. 폐 CT에서는 미세 결절을 정밀하게 탐지하여 폐암의 조기 진단을 가능하게 하고, 응급의료 현장에서는 뇌출혈이나 뇌졸중을 신속히 인지해 즉각적인 치료로 이어질 수 있도록 지원한다. 유방촬영술에서는 미세 석회화를 빠르게 감지해 암 발견율을 높이며, MRI에서는 전립선암이나 간 종양의 위치를 정밀하게 표시해 수술 및 방사선 치료 계획 수립에 중요한 정보를 제공한다. 더 나아가 항암 치료 중인 환자의 영상 데이터를 연속적으로 분석하여 종양 크기의 변화를 자동으로 계산하고, 치료 효과를 정량적으로 평가하는 데에도 활용되고 있다.

AI는 피로나 주의력 저하의 영향을 받지 않고, 대량의 의료 영상을 짧은 시간 안에 일관되게 분석할 수 있다는 점에서 탁월한 효율성을 지닌다. 그러나 이러한 기술의 본질적 가치는 인간을 대체하는 데 있지 않다. AI는 영상의학 전문의의 경험과 직관을 대신하는 판단 주체가 아니라, 이를 보완하며 잠재적 오류를 줄이는 협력적 동반자(co-pilot)로서 의료진과 함께 작동한다.

실제 임상 현장에서는 AI가 제시한 병변 탐지 결과와 확률 분석을 토대로, 영상의학 전문의가 환자의 병력, 임상 증상, 추가 검사 소견을 종합해 최종 진단을 내린다. 이 과정에서 AI는 방대한 데이터 학습에서 비롯된 객관성과 재현성을 제공하고, 의사는 임상적 맥락과 개별 환자의 특수성을 반영함으로써 상호 보완적인 판단 구조를 형성한다.

따라서 AI 기반 X선 판독은 인간의 직관과 경험을 대체하기보다는, 진단의 신속성과 정확성을 동시에 향상시키는 방향으로 활용되고 있다. 결국 AI는 의사의 판단을 강화하고 의료 현장의 효율을 높임으로써, 환자의 생명을 지키는 신뢰할 수 있는 과학의 조력자로 자리매김하고 있다.

최근 인공지능 기술의 급속한 발전과 함께 영상의학 분야에서는 방사선영상정보학(Radiomics)과 방사선유전학(Radiogenomics)이 새로운 연구의 핵심 축으로 자리 잡고 있다. 병원에서 촬영되는 CT나 MRI 영상은 겉으로 보기에는 단순한 의료 영상처럼 보이지만, 실제로는 조직의 질감, 형태, 밀도 분포, 경계의 불균질성, 공간적 배열 특성 등 수백에서 수천 개에 이르는 정량적 특성(feature)을 포함한 고차원 데이터의 집합체이다.

방사선영상정보학은 의료 영상을 단순한 시각 자료가 아닌 정량적 데이터 자원으로 전환하는 분석 개념으로, 영상의학과 통계학, 머신러닝을 결합해 영상에서 추출한 특성을 영상 기반 바이오마커(imaging bio-marker)로 활용하는 기술이다. 이를 통해 종양의 이질성, 성장 양상, 치료 반응 가능성 등을 수치적으로 표현할 수 있으며, 진단과 예후 예측의 객관성과 재현성을 향상시킨다. 기존 영상 판독이 주로 전문의의 경험과 육안적 판단에 의존했다면, 라디오믹스는 영상에 내재된 미세한 패턴을 수치화함으로써 관찰자 간 편차를 줄이고 진단의 일관성을 강화하는 데 기여한다. 이러한 특성은 정밀의학과 맞춤형 치료 전략 수립의 중요한 기반이 된다.

방사선유전학은 의료영상(Radiology)과 유전체학(Genomics)을 연계해, 영상에서 관찰되는 형태학적·기능적 특징(imaging phenotype)과 유전자 발현, 돌연변이, 분자 아형 간의 연관성을 분석하는 연구 분야이다. 이 접근은 병변의 유무를 확인하는 전통적 진단을 넘어, 영상 정보만으로 종양의 분자적 특성, 치료 반응 가능성, 예후 인자를 추정하고자 한다. 예를 들어, 특정 뇌종양이나 폐암에서 관찰되는 영상 패턴이 특정 유전자 변이 또는 분자 아형과 통계적으로 유의한 상관성을 보인다는 연구들이 보고되고 있으며, 이는 조직검사가 어려운 상황에서도 비침습적으로 분자 정보를 추론할 수 있는 가능성을 제시한다. 다만 이러한 예측은 확률적·보조적 정보로 활용되며, 현재 임상에서는 조직검사와 병리·유전자 검사를 대체하기보다는 상호 보완적 도구로 사용되고 있다는 점에서 객관적 한계 또한 분명하다.

이 과정에서 인공지능은 단순한 계산 도구를 넘어, 의료 영상과 유전체 데이터를 연결하는 분석·통합 플랫폼으로 기능한다. AI 알고리즘은 대규모 영상 데이터에서 인간이 직관적으로 인식하기 어려운 고차원 패턴을 학습하고, 이를 유전체 정보나 임상 지표와 연계해 통계적으로 의미 있는 연관성을 도출한다. 이를 통해 의료진은 특정 치료법에 대한 반응 가능성, 재발 위험도와 예후를 보다 정량적으로 평가할 수 있으며, 치료 전략 수립 시 객관적 근거를 추가로 확보할 수 있다.

방사선영상정보학과 방사선유전학은 이러한 분석 체계의 출발점으로, 영상 속에 숨어 있는 정보를 체계적으로 추출·정리해 진단 정확도 향상, 예후 예측, 치료 반응 평가에 활용되도록 한다. 이는 의료 영상을 단순히 '보는 자료'에서 벗어나 질병의 생물학적 특성과 임상 경과를 예측하는 진단학적 도구로 확장시키는 중요한 전환이라 할 수 있다. 다만 영상 획득 조건, 장비 차이, 분석 알고리즘 표준화 문제 등은 여전히 해결해야 할 과제로 남아 있으며, 다기관 연구와 표준화 노력이 병행되고 있다.

결국 방사선영상정보학과 방사선유전학의 발전은 영상의학을 정성적 해석 중심의 학문에서 정량적·예측적 진단학으로 진화시키고 있다. 이 과정에서 인공지능은 영상의학 전문의의 판단 시 분석의 깊이와 범위를 확장하는 보조적 협력자로 기능한다. 이러한 기술적 진보는 영상 판독의 정확성과 일관성을 높이는 동시에, 환자에게 보다 안전하고 정밀한 진단과 맞춤형 치료를 제공하는 새로운 의료 패러다임을 형성하고 있으며, 향후 진단학 전반의 가치와 역할을 재정의하는 중요한 전환점으로 평가되고 있다.

오늘날 의료 현장에서 방사선 검사 영상 없이 질병을 진단한다는 것은 거의 상상하기 어렵다. 폐렴의 음영, 뇌졸중에서의 혈관 폐쇄 여부, 암의 병기 판정에 이르기까지, 대부분의 핵심적인 의학적 결정은 영상 정보를 기반으로 이루어진다. 이는 근거중심의료(Evidence-Based Medicine, EBM)의 핵심 원리와 맞닿아 있으며, 영상은 의료진의 판단에 객관성을 부여하는 동시에 환자에게 치료의 필요성과 방향을 설명할 수 있는 객관적인 근거를 제공한다.

이러한 맥락에서 X선은 단순히 뼈를 비추는 물리적 빛을 넘어, 의사와 환자 모두에게 질병의 실체를 투명하게 드러내는 과학적 증언자라 할 수 있다. X선은 보이지 않는 병변을 가시화함으로써 진단의 정확성을 높이고, 인간의 생명을 지키는 지식과 기술의 빛으로 기능해 왔다.

그러나 영상 검사가 지닌 진정한 가치는 안전이 전제될 때 비로소 완성된다. 불필요한 방사선 노출은 철저히 최소화되어야 하며, 특히 임산부와 소아의 경우에는 더욱 세심한 주의와 전문적인 판단이 요구된다. 영상의 정확성과 안전성은 결코 분리될 수 없는 요소이다.

CT 검사에서 사용되는 조영제(contrast agent)는 혈관이나 장기, 병변 부위의 밀도 차이를 인위적으로 증강시켜 정상 조직과 병소 조직을 보다 선명하게 구분하도록 돕는 물질로, 영상 진단의 정확도를 크게 향상시키는 중요한 수단이다. 특히 요오드 기반 조영제는 X선을 잘 흡수하는 특성이 있어서 혈관, 종양, 염증 부위의 윤곽을 명확히 드러내는 데 효과적이다. 그러나 이러한 진단적 이점에도 불구하고, 조영제는 드물게 알레르기 반응이나 신장 기능 저하와 같은 부작용을 유발할 수 있으므로 사용에 주의가 필요하다.

신장은 체내 노폐물과 과잉 수분을 걸러내는 생체 정수기와 같은 기관으로, 혈류를 통해 유입된 조영제를 대부분 여과·배설하는 역할을 담당한다. 이 과정에서 조영제는 일시적으로 신장에 부담을 줄 수 있으며, 특히 만성 신부전이나 당뇨병성 신장 질환을 가진 환자의 경우 이미 신장 혈류와 세뇨관 기능이 저하된 상태이므로 부작용 발생 위험이 상대적으로 높다.

조영제가 체내에 주입되면, 신장 내 미세 혈관에서 일시적인 혈관 수축이 발생하여 혈류량이 감소할 수 있다. 이로 인해 신장 조직에 국소적인 산소 공급 저하가 일어나고, 활성산소가 과도하게 생성되면서 세포 손상이 유발될 가능성이 커진다. 또한 조영제는 일반 혈액보다 점성이 높아, 세뇨관 내 흐름을 둔화시키고 관내 압력을 증가시켜 신장 세포에 추가적인 부담을 줄 수 있다. 이러한 생리적 변화가 누적될 경우 혈중

노폐물 농도가 상승하고, 혈청 크레아티닌 수치 증가와 함께 급성 신장 손상(Acute Kidney Injury, AKI)으로 이어질 수 있다.

조영제 검사 사고 관련해 2024년에 발생한 'Cook v. Ascension Genesys Hospital' 사건은 많은 것을 시사하고 있다. 해당 사건에서 환자는 호흡 곤란 증세로 응급실에 내원하였고, 초기 혈액검사에서 이미 신장 기능 저하를 시사하는 소견이 확인되었다. 그럼에도 불구하고 폐색전증 감별을 목적으로 조영제를 사용하는 CT 검사가 시행되었으며, 이후 조영제 유발 급성 신장 손상이 발생하여 결국 혈액투석 치료를 거쳐 신장 이식에 이르는 중대한 결과를 초래하였다. 이 사례는 검사 자체의 위험성보다도, 환자의 기저 상태에 대한 충분한 평가와 대안적 검사 방법에 대한 검토가 결여될 경우 진단적 선택이 회복 불가능한 손상으로 이어질 수 있음을 보여주는 대표적 사례로 평가된다.

한편, 조영제와 관련된 부작용은 모든 환자에게서 동일하게 발생하는 것이 아니며, 대부분의 경우 적절한 관리가 이루어지면 일시적이고 가역적인 경과를 보인다. 충분한 수분 공급, 조영제 용량의 최소화, 저삼투압 또는 등장성 조영제의 선택, 그리고 사전에 신장 기능을 면밀히 평가하는 예방적 조치들을 적용할 경우 조영제 유발 신장 손상의 발생 위험은 유의미하게 감소하는 것으로 다수의 임상 연구에서 확인되고 있다. 따라서 이 사건은 조영 CT 검사를 회피해야 한다는 경고가 아니라, 방사선 검사와 조영제 사용이 환자 개별 위험도를 바탕으로 한 임상적 판단과 체계적인 안전 관리 속에서 시행되어야 한다는 점을 시사한다.

결국 CT 조영 검사는 위험과 이익을 이분법적으로 나누어 판단할 대상이 아니라, 환자의 상태·대체 검사 가능성·예상되는 진단적 가치 등을 종합적으로 고려해 결정해야 할 의료 행위이다. Cook 사건은 방사선과 임상의가 '더 정확한 진단'이라는 목표만큼이나 '돌이킬 수 없는 손상을 예방할 책임'을 함께 짊어지고 있음을 일깨우며, 환자 중심적 의사결정과 사전 위험 평가가 현대 의료에서 얼마나 중요한 핵심 원칙인지를 명확히 보여준다..

한편, 영상의학과에서 널리 활용되는 MRI 검사는 강력한 자기장과 고주파(RF) 신호를 이용해 인체 내부의 수소 원자 핵자기공명 신호를 포착하고 이를 영상으로 재구성하는 첨단 진단 기술이다. 이 과정에서 방사선을 사용하지 않으면서도 뇌, 척수, 근육, 인대, 장기 등 연부 조직의 구조와 병변을 매우 높은 해상도로 확인할 수 있어, 종양·염증·신경계 질환·근골격계 질환의 진단에 탁월한 장점을 지닌다. 특히 조직 간 신호 차이를 이용해 병변의 성격을 구분할 수 있다는 점에서, MRI는 단순한 형태 관찰을 넘어 질환의 성질과 범위를 평가하는 데 중요한 역할을 한다.

그러나 이러한 장점 이면에는 MRI 고유의 물리적 특성에서 비롯되는 안전상의 고려 사항이 존재한다. MRI 장비는 검사 전 과정에서 매우 강한 정자기장(static magnetic field)을 지속적으로 발생시키며, 여기에 시간적으로 변화하는 경사자기장과 고주파 에너지가 더해진다. 이로 인해 심박동기, 인공 와우, 신경자극기, 금속성 혈관 스텐트, 뇌동맥류 클립 등 금속 또는 전자 장치가 체내에 삽입된 환자의 경우, 자기장에 의한 끌림(force), 회전(torque), 발열, 전자회로 오작동이 발생할 수 있다. 실제로 일부 구형 심박동기는 MRI 환경에서 기능 이상이나 치명적 고장을 일으킨 사례가 보고되어 왔으며, 이는 환자 생명에 직접적인 위협으로 이어질 수 있다.

이러한 사고 사례들이 남긴 교훈은 분명하다. MRI 검사는 매우 강력하고 유용한 진단 도구이지만, 모든 환자에게 무조건 적용할 수 있는 '완전히 무해한 검사'는 아니라는 점이다. 강한 자기장과 고주파를 사용하는 특성상, 환자의 상태와 환경에 따라 잠재적 위험이 달라질 수 있으므로 검사 전 단계에서의 철저한 평가가 필수적이다.

따라서 MRI 시행에 앞서 환자의 과거 병력과 수술 이력, 체내 삽입물의 존재 여부와 종류를 면밀히 확인하고, 해당 기기가 MRI에 대해 MR-safe(완전 안전), MR-conditional(조건부 안전), MR-unsafe(사용 금지) 중 어디에 해당하는지를 명확히 구분해야 한다. 이러한 사전 확인은 단순한 행정 절차가 아니라, 환자의 생명과 직결되는 핵심 안전 과정이다. 필요할 경우에는 CT나 초음파와 같은 대체 검사 방법을 선택하는 임상적 판단 역시 적극적으로 고려되어야 한다.

최근에는 MRI 환경에서도 사용할 수 있도록 설계된 'MRI 조건부(MR-conditional)' 의료기기가 점차 확대되고 있지만, 이는 어디까지나 제조사가 제시한 자기장 세기, 촬영 조건, 체위 제한 등을 엄격히 준수할 때에만 안전성이 보장된다. 조건을 벗어난 사용은 오히려 사고 위험을 높일 수 있다는 점에서, 의료진과 환자 모두 정확한 정보 공유와 절차 준수가 중요하다.

실제로 2025년 미국 롱아일랜드의 한 병원에서는 금속 체인을 착용한 보호자가 MRI실에 무단으로 들어갔다가 강력한 자기장에 의해 장비 쪽으로 끌려가 사망하는 사고가 발생했으며, 국내에서도 검사 중 산소통이 자기장에 끌려가 환자와 충돌해 사망에 이른 사례가 보고된 바 있다. 이러한 사건들은 MRI 장비 자체의 문제가 아니라, 안전 규정과 출입 통제가 지켜지지 않았을 때 얼마나 치명적인 결과가 초래될 수 있는지를 분명히 보여준다.

영상의학과 검사실은 CT, MRI, X선 등 고위험·고정밀 장비가 밀집된 공간으로, 의료진의 전문적 관리뿐 아니라 환자와 보호자의 적극적인 협조와 규정 준수가 무엇보다 중요하다. MRI실 내 금속 반입 사고, CT 검사 중 조영제 부작용, 방사선 안전 수칙 미준수로 인한 의료진 피폭과 같은 사례는 대부분 사소해 보이는 부주의에서 비롯되지만, 그 결과는 환자의 신체적 손상은 물론 경제적·법적 부담으로까지 이어질 수 있다. 동시에 이러한 사고는 의료진에게도 심리적 충격과 책임 논란을 남기며, 의료 현장 전반의 신뢰를 훼손하는 요인이 된다.

특히 MRI 검사는 강력한 자기장을 사용하는 만큼, 병원이 정한 사전 문진, 금속 물품 제거, 복장 및 출입 통제 절차를 환자와 보호자가 성실히 따르는 것이 안전의 핵심 전제다. 환자가 자신의 몸에 있는 금속 삽입물, 의료기기, 액세서리 착용 여부를 정확히 알리고, 보호자 또한 안내된 동선과 출입 제한을 준수할 때 사고는 상당 부분 예방될 수 있다. 다시 말해 영상의학 검사에서의 안전은 의료진만의 책임이 아니라, 환자와 보호자가 함께 지켜야 할 공동의 약속이다.

결국 MRI를 비롯한 영상의학 검사의 가치는 뛰어난 영상 정보 자체에만 있는 것이 아니라, 그 물리적 원리에 대한 정확한 이해와 체계적인 안전 관리, 그리고 이를 뒷받침하는 환자·보호자의 협조가 함께할 때 비로소 온전히 실현된다. 영상 검사는 기술의 우수성을 맹신하는 대상이 아니라, 환자 개별 위험도를 충분히 고려한 임상적 판단과 엄격한 절차 준수 아래에서 활용되어야 할 정밀한 의료 도구이다. 따라서 MRI 안전

관리는 '사고를 겪은 뒤 얻는 교훈'이 아니라, 의료진과 환자 모두가 규정을 지키는 일상적 실천을 통해 사고를 미연에 방지하는 기본 원칙으로 자리 잡아야 한다.

나아가 안전 사고 예방은 단순한 절차 준수의 문제가 아니라, 환자의 생명을 보호하고 의료진 스스로를 지키며, 법적·경제적·정신적 피해를 최소화하는 가장 확실한 방법이다. 철저한 안전 관리와 지속적인 경각심이야말로 영상의학과에서 신뢰를 지키는 핵심 조건이며, 환자와 의료진 모두의 생명을 지키는 진정한 과학적 윤리의 실천이라 할 수 있다.

인체의 대사 지도를 그리다

- 핵의학 이야기

의학은 오랜 세월 동안 인체의 형태와 구조를 관찰하는 데 초점을 맞추어 발전해 왔다. 그러나 현대 의학의 발전과 함께, 인체 내부의 기능과 대사 과정을 시각화하려는 새로운 시도가 등장하였고, 그 중심에는 바로 핵의학(Nuclear Medicine)이 있다. 영상의학이 X선과 같은 전자기적 에너지를 이용해 인체의 구조를 영상화하는 기술이라면, 핵의학은 방사성동위원소에서 방출되는 감마선과 베타선을 활용하여 인체의 기능적 변화와 대사 과정을 진단하는 의학 분야이다.

핵의학의 시작은 1896년, 프랑스 물리학자 앙리 베크렐(A. Becquerel)이 우라늄이 스스로 빛을 내며 사진건판을 감광시키는 현상을 발견한 데서 비롯되었다. 이어 마리 퀴리와 피에르 퀴리 부부가 라듐과 폴로늄을 분리하여 방사능의 존재를 입증함으로써, 인류는 원자핵 속에 숨겨진 에너지의 존재를 처음으로 인식하게 되었다.

20세기 초, 과학자들은 방사성동위원소를 생체 내 물질의 이동을 추적하는 도구로 활용할 수 있음을 밝혀내며 핵의학의 개념을 정립하였다. 핵의학의 핵심은 방사성동위원소를 이용하여 인체의 대사 활동을 영상으로 표현한다는 점에 있다. 예를 들어, 포도당과 유사한 구조를 지닌 방사성 의약품인 플루오로데옥시글루코스(Fluorodeoxyglucose, FDG)를 체내에 주입하면, 대사가 활발한 암세포가 이를 선택적으로 흡수한다. 이후 감마카메라나 양전자방출 단층촬영(PET) 장비를 통해 방출되는 감마선으로 얻은 영상을 핵의학 전문의가 판독해 암의 위치와 활동성, 대사 상태를 정밀하게 분석할 수 있다.

이 기술은 단순히 형태를 보여주는 X선이나 CT와 달리, 조직의 기능적 변화와 질병의 초기 신호를 조기에 포착할 수 있다는 점에서 진단의 새로운 패러다임을 열었다. 핵의학의 진정한 혁명은 인체의 형태를 넘어서 세포와 분자의 움직임까지 들여다보는 의학을 실현했다는 데 있다.

이러한 변화를 가능하게 한 핵심 개념이 바로 추적자(tracer)이다.

1920년대 초, 헝가리 출신 과학자 조지 드 헤베시(George de Hevesy)는 방사성 납 동위원소(^{210}Pb)를 이용해 동물의 체내에서 물질이 어떻게 흡수되고 이동하며 배설되는지를 시간에 따라 추적하는 실험을 수행했다. 그는 방사성 물질이 생물학적 성질을 바꾸지 않으면서도 '표식' 역할을 할 수 있음을 보여주었고, 이를 통해 눈에 보이지 않는 생체 내 대사 과정을 정량적으로 관찰할 수 있다는 원리를 확립했다. 이 추적자 원리는 훗날 핵의학 검사에서 방사성 의약품을 이용해 장기의 기능과 대사를 영상으로 구현하는 과학적 토대가 되었다.

결국 핵의학은 인체를 단순히 '형태'로서가 아니라, 살아 있는 생명체의 움직임과 기능을 영상으로 표현하는 과학의 눈으로 발전해 왔으며, 오늘날 정밀의학의 핵심 축으로 자리 잡고 있다.

이후 방사성동위원소를 표지(labeling)한 다양한 방사성 의약품(radiopharmaceuticals)이 개발되면서 핵의학은 한층 더 정교한 단계로 발전하였다. 포도당, 요오드, 아미노산 등에 방사성 원소를 결합시켜 인체에 투여하면, 이 물질들은 정상적인 생리적 경로를 따라 이동하면서 방사선을 방출한다. 감마카메라나 PET 장비는 이 신호를 포착하여 영상으로 재구성하며, 그 결과 인체 내부의 대사 활동이 마치 지도처럼 정밀하게 시각화된다.

이러한 '분자 지도'는 단순한 형태 영상이 아니라, 인체에서 일어나는 생명 현상을 분자 수준에서 기록한 기능 영상이라 할 수 있다. 해부학적 구조를 보여주는 CT나 MRI가 '어디에 병변이 있는가?'를 중심으로 정보를 제공한다면, 핵의학 영상은 '그 조직이 어떻게 기능하고 있는가?'를 직접적으로 보여준다는 점에서 본질적인 차이를 지닌다. 대표적인 예가 FDG-PET(Fluorodeoxyglucose Positron Emission Tomography) 검사이다. FDG-PET은 포도당 유사체인 방사성의약품 ^{18}F-FDG를 정맥 주사한 뒤, 세포의 포도당 대사 정도를 영상화하는 검사 방법이다. 암세포는 정상 세포에 비해 포도당 소비가 현저히 증가하는 특성이 있는데, FDG-PET은 이러한 대사 항진(metabolic hyperactivity)을 민감하게 포착해 종양의 위치, 크기뿐 아니라 생물학적 활성도까지 동시에 평가할 수 있다. 이로 인해 단순 구조 영상만으로는 구별이 어려운 양성·악성 병변의 감별, 전신 전이 여부 평가, 치료 후 잔존 암이나 재발 여부 판정에 특히 강점을 보인다. 또한 CT나 MRI보다 앞서 대사 변화가 먼저 나타나기 때문에, 형태 변화 이전 단계에서 질병을 조기에 탐지할 수 있다는 점이 FDG-PET의 핵심적 장점이다.

한편 단일광자방출단층촬영(Single Photon Emission Computed Tomography, SPECT)은 감마선을 방출하는 방사성의약품을 이용해 장기와 조직의 기능을 평가하는 검사 방법이다. PET에 비해 공간 해상도는 다소 낮지만, 검사 장비와 방사성의약품의 접근성이 높고 비용 부담이 상대적으로 적어 임상에서 폭넓게 활용되고 있다. 심장 분야에서의 심근관류 SPECT는 대표적인 응용 사례로, 안정 시와 부하 시 심근 혈류 분포를 비교함으로써 허혈성 심질환, 심근경색, 심근 생존도를 평가하는 표준 검사로 자리 잡고 있다. 이를 통해 관상동맥 질환의 기능적 중증도를 판단하고, 시술이나 수술의 필요성을 결정하는 데 중요한 정보를 제공한다.

또한 갑상선 스캔은 요오드 또는 테크네튬을 이용한 SPECT 검사로, 갑상선 조직의 요오드 섭취와 호르몬 합성 기능을 직접적으로 평가한다. 이를 통해 단순한 결절의 존재 여부를 넘어, 기능성 결절 여부를 구분하고, 갑상선 기능 항진증이나 저하증의 원인을 보다 정밀하게 진단할 수 있다. 이러한 기능적 정보는 초음파나 CT와 같은 구조 영상만으로는 얻기 어려운 핵심 진단 단서이다.

핵의학은 이처럼 인체의 생화학적 경로를 시각화하는 과학이다. 과거에는 조직을 절제해야만 관찰할 수 있던 세포의 활동을, 이제는 살아 있는 인체 내부에서 실시간으로 관찰할 수 있게 된 것이다. 이러한 기술적 도약은 질병의 조기 진단, 치료 반응의 평가, 맞춤형 정밀의학으로 이어지며, 현대 의학의 패러다임을 근본적으로 바꾸어 놓았다.

나아가 핵의학은 진단의학과 치료의학의 경계를 허문 융합적 혁신 분야로 자리매김하였다. 예를 들어, 갑상선암 환자에게 방사성 요오드(^{131}I)를 투여하면, 요오드를 흡수하는 갑상선 세포의 특성을 이용해 암세포만을 선택적으로 파괴할 수 있다. 이처럼 핵의학은 병을 찾아내는 눈이자, 병을 치유하는 손의 역할을 동시에 수행하는 의학이다.

오늘날 핵의학은 암, 심혈관 질환, 신경계 질환의 조기 진단과 예후 평가에 필수적인 의학적 도구로 자리 잡았으며, 생명 과학의 가장 정교하고 인간 중심적인 기술로 평가받고 있다.

1940년대에 들어 의학계는 방사선의 새로운 가능성을 발견했다. 소아과와 내분비학 분야에서는 방사성 요오드를 이용해 갑상선 질환을 진단하고 치료하는 시대가 본격적으로 시작되었다. 이어 1957년, 미국의 물리학자 할 오스카 앤저(Hal Oscar Anger)는 기존의 점 단위 측정 방식의 한계를 뛰어넘어, 넓은 면적의 검출기를 통해 인체 내 방사선 분포를 한 번에 포착할 수 있는 감마카메라(Gamma Camera)를 고안하였다.

감마카메라는 방사성 의약품이 인체 내에서 방출하는 감마선을 납 콜리메이터를 통해 방향별로 선택적으로 선별하고, 섬광체(Scintillation Crystal)에서 이 감마선을 빛 신호로 변환한 뒤, 광전자증배관(PMT)이 그 빛을 감지하여 신호의 위치와 강도를 계산하는 원리로 작동한다. 즉 인체에서 나오는 미세한 방사선 신호를 빛으로 바꾸어 영상으로 재현하는 혁신적인 기술이라 할 수 있다.

당시에는 단일 탐지기로 한 지점씩 방사선을 측정하는 스캐너(scanner) 방식이 주류였기 때문에, 한 장의 영상을 얻는 데 수 시간이 소요되었고 환자는 긴 시간 동안 움직일 수 없었다. 감마카메라는 생체 기능을 실시간으로 영상화할 수 있는 새로운 전환점이 되었으며, 핵의학 영상의 발전을 이끈 결정적 계기가 되었다.

이후 핵의학은 단순히 장기의 형태를 보여주는 단계를 넘어, 분자 수준의 생명 활동을 시각화하는 기술이 급속히 발전하고 있다. 포도당 유사체에 방사성 표지를 결합한 FDG-PET과 같은 기술은 암세포의 과도한 대사, 심근의 허혈, 뇌의 기능적 네트워크를 지도처럼 그려 내며 질병의 활동성과 생리적 변화를 정밀하게 파악할 수 있게 하였다.

이들 검사는 인체의 특정 장기나 조직에 미량의 방사성동위원소를 포함한 의약품을 주사한 후, 그 분포와 변화를 영상화하여 장기의 기능적 이상과 질환의 존재를 시각적으로 평가하는 방법이다.

특히 뼈 스캔은 골대사 이상, 전이성 암, 골절, 염증 등을 조기 발견하는 데 탁월하며, 갑상선 스캔은 갑상선의 기능 저하나 항진, 결절성 병변 등을 정밀하게 진단할 수 있다.

이와 같은 핵의학적 영상 기술은 단순히 구조를 보는 데 그치지 않고, 인체의 생리적 변화와 대사 과정을 실시간으로 추적함으로써 질병의 원인과 진행 단계를 규명할 수 있는 혁신적 진단 도구로 활용되고 있다.

예를 들어, 갑상선 스캔(thyroid scan)은 갑상선이 요오드를 선택적으로 흡수하는 생리적 특성을 활용한 검사이다. 소량의 방사성 요오드를 투여하면, 갑상선 세포가 이를 호르몬 합성 과정에서 섭취하게 되고, 이때 방출되는 감마선을 감마카메라로 촬영하여 갑상선의 기능, 형태, 요오드 섭취율을 정밀하게 영상화할 수 있다. 정상 조직은 균등한 섭취 양상을 보이지만, 기능항진증의 경우 섭취율이 높게 나타나며, 반대로 기능저하증에서는 섭취가 감소한다. 이러한 이유로 갑상선 스캔은 갑상선 기능 평가, 결절 감별, 염증성 질환의 진단, 암 치료 후 잔존 조직 확인 등에서 필수적인 검사로 활용된다.

한편, 암의 대사 활동을 평가하는 PET-CT는 암세포가 정상 세포보다 많은 포도당을 소비하는 생화학적 특성을 이용한다. 방사성동위원소(주로 ^{18}F$)로 표지된 포도당 유사체인 FDG를 환자에게 주입하면, 이는 세포 내로 유입된 뒤 인산화 과정을 거쳐 대사가 활발한 조직에 집중적으로 축적된다. 암세포는 폭발적인 증식과 에너지 요구량 증가로 인해 정상 조직보다 FDG를 훨씬 많이 흡수하는데, 이 농도 차이를 시각화하는 것이 PET의 핵심 원리이다. PET검사는 이처럼 세포의 에너지 소비율을 보여주는 '기능적·대사적 정보' 제공에 특화되어 있다. 이를 통해 종양의 활성도, 전신 전이 여부, 그리고 치료 반응을 정밀하게 평가할 수 있다. 반면 CT는 X선을 이용해 인체의 단층 영상을 재구성함으로써 해부학적 구조와 형태적 변화를 선명하게 보여준다. 즉, 종양의 정확한 크기와 위치, 주변 장기와의 상관관계를 파악하는 데 큰 강점을 가진다. 이 두 기술을 결합한 PET-CT는 기능과 구조라는 두 가지 정보를 단일 영상에서 동시에 제공한다는 점에서 혁신적이다. PET검사에서 포착한 대사적 이상 부위를 CT의 해부학적 지도 위에 정확히 중첩함으로써, 이상 대사가 발생하는 '공간적 위치'를 명확히 보여 줄 수 있기 때문이다. 그 결과 병기 결정의 정확도를 크게 높일 수 있으며, 불필요한 침습적 검사나 수술을 방지하는 데 기여한다. 나아가 종양의 크기가 물리적으로 줄어들기 전이라도 대사 감소 여부를 통해 치료 효과를 조기에 판별할 수 있다는 점에서 큰 의미가 있다.

핵의학 검사는 신경계 질환, 특히 알츠하이머병의 조기 진단과 예후 평가에도 많은 도움을 주고 있다. 2019년 기준으로 알츠하이머병은 전 세계 약 5,700만 명, 국내에서는 90만 명 이상이 앓고 있는 대표적 퇴행성 치매 질환이며, 고령화 추세에 따라 2050년에는 환자 수가 300만 명을 넘어설 것으로 전망된다. 이러한 질환의 증가로 인해 의료비와 돌봄 비용이 급증하고 있으며, 사회·경제적 손실이 연간 수십조 원에 이를 것으로 추정된다. 더불어 가족 해체, 노인 빈곤, 돌봄 인력 부족 등 2차적 사회 문제까지 초래하고 있어, 알츠하이머병은 국가적 차원에서 대응해야 할 중대한 보건 과제로 인식되고 있다.

알츠하이머병 환자의 경우, 기억을 담당하는 측두엽과 두정엽 부위의 대사 활동이 현저히 감소하는 특징을 보인다. 또한 아밀로이드 PET 검사는 병의 원인 단백질인 β-아밀로이드의 침착 정도를 직접 영상으로 보여줌으로써, 임상 증상이 나타나기 이전 단계에서도 조기 진단이 가능하다.

SPECT 검사는 혈류를 따라 움직이는 방사성 의약품(예: ^{99m}Tc-HMPAO)을 이용하여 뇌의 혈액 순환 상태를 입체적으로 파악한다. 이 검사는 특히 알츠하이머 환자에게서 기억 중추 부위의 혈류 저하 현상을 확인할 수 있어 진단의 신뢰성을 높인다.

PET는 약 90% 이상의 높은 진단 정확도를 보이며, SPECT도 임상검사와 병행하면 진단의 신뢰도를 크게 높일 수 있다. 이러한 핵의학 영상 기술은 MRI보다 앞서 뇌 기능 저하의 초기 변화를 포착할 수 있어, 조기 진단과 치료 개시 시점을 앞당김으로써 환자의 기억과 일상을 지키는 데 중요한 역할을 하고 있다.

최근 핵의학은 '분자영상(Molecular Imaging)'이라는 새로운 차원의 과학적·의학적 영역으로 진화하고 있다. 분자영상은 인체의 장기나 병변을 단순히 형태로 관찰하는 데 그치지 않고, 세포와 분자 수준에서 일어나는 생명 현상을 시각화하는 기술이다. 세포의 대사 변화, 신호 전달 과정, 수용체 발현, 유전자 관련 생물학적 활동을 영상으로 포착함으로써 질병의 발생과 진행을 보다 근본적으로 이해할 수 있게 하며, 정밀의학(Precision Medicine)과 맞춤형 치료의 핵심 기반으로 평가받고 있다.

기존의 CT나 MRI가 종양의 크기와 모양 같은 해부학적 정보를 제공하는 데 중점을 두었다면, 분자영상은 기능적·생물학적 정보를 바탕으로 형태 변화가 뚜렷해지기 이전 단계에서도 병리적 이상을 감지할 수 있으며, 질병의 활성도와 치료 반응을 정량적으로 평가할 수 있다는 점에서 진단학적 가치가 크다. 즉 분자영상은 암을 '보는 대상'이 아니라, 그 생물학적 특성과 행동 양식을 이해하는 대상으로 전환시킨 기술이라 할 수 있다.

대표적인 분자영상 기법인 ^{18}F-FDG PET/CT 검사는 포도당 대사가 비정상적으로 증가하는 암세포의 생물학적 특성을 이용해, 폐암·대장암·유방암·림프종 등 다양한 악성 종양을 전신 범위에서 평가하는 검사이다. 이 검사에서 PET은 암세포의 대사 활성을 영상으로 보여 주고, CT는 병변의 정확한 해부학적 위치와 크기를 제공함으로써, 두 정보를 하나의 영상으로 결합한다. 이를 통해 단순히 '어디에 종양이 있는가'를 넘어 '얼마나 활발하게 활동하는가'까지 함께 판단할 수 있다.

이러한 특성 덕분에 ^{18}F-FDG PET/CT는 암의 병기 결정, 재발 여부 평가, 항암치료 및 방사선치료 효과 판정에 널리 활용되며, 조직검사가 어렵거나 위험한 부위의 병변도 비교적 비침습적으로 평가할 수 있다는 장점을 지닌다. 현재 FDG-PET/CT는 암 진단과 치료 전략 수립 전반에서 기능과 구조를 동시에 읽는 표준적 영상 도구로 자리 잡고 있다.

최근에는 '전립선특이막항원 PET(PSMA-PET), 신경내분비종양 표적 PET(DOTA-PET)'과 같이 특정 수용체나 단백질을 선택적으로 영상화하는 표적 분자영상 기술이 임상에 도입되었다. 이들 기법은 종양의 분자적 특성과 표적 치료 반응 가능성을 예측할 수 있게 함으로써, 단순 진단을 넘어 치료 방향 결정에 직접적인 정보를 제공한다. 이는 분자영상이 질병의 유전적·분자생물학적 특성을 반영하는 도구로 확장되고 있음을 보여준다.

특히 조직의 형태 변화 이전에 기능적 이상을 포착할 수 있다는 점에서, 분자영상은 치료 중심 의학을 넘어 질병을 예측하고 조기에 개입하는 예측의학(Predictive Medicine)으로 나아가는 중요한 전환점으로 평가된다.

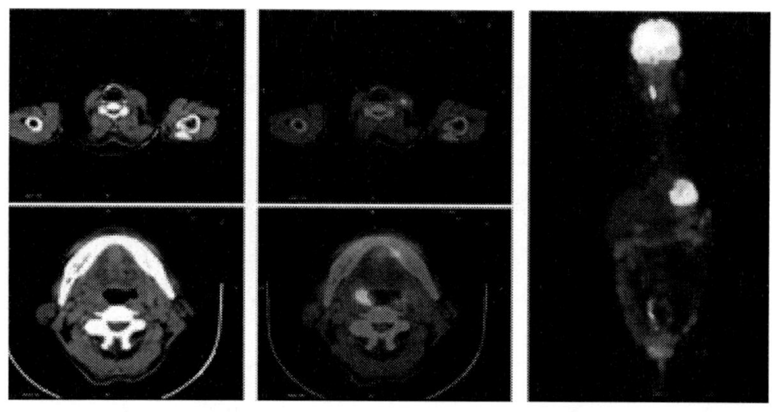

*자료 : PET-CT 영상(NIH)

분자영상은 인공지능(AI) 기술과 결합되면서 한층 더 고도화되고 있다. AI는 방대한 영상과 생물학적 데이터를 통합 분석함으로써 진단의 정확도를 높이고, 치료 반응과 예후 예측의 신뢰성을 향상시키는 역할을 수행한다.

더 나아가 핵의학은 진단과 치료를 하나의 연속선으로 통합하는 테라노스틱스(Theranostics)의 시대로 진입하고 있다. 테라노스틱스는 동일하거나 유사한 분자 표적을 이용해 질병을 진단하고 동시에 치료하는 개념으로, 기존의 치료적 핵의학(예 : 방사성 요오드 치료)을 확장·발전시킨 형태라 할 수 있다. 이는 방사선이 인체 내부를 관찰하는 '눈'의 역할을 넘어 질병을 직접 제어하는 '치료 수단'으로 기능하는 의학적 진화를 의미한다.

결국 핵의학의 미래는 의사가 환자의 몸속에서 일어나는 생명 현상을 분자의 언어로 읽어 내고 해석할 수 있는 새로운 소통 체계를 제공하는 데 있다. 이 언어는 단순한 영상이 아니라, 질병의 본질을 조기에 발견하고, 환자 개개인의 최적화된 치료 전략을 수립하며, 불필요한 치료 부담을 줄이는 과학적 지도라 할 수 있다.

이러한 핵의학의 발전은 보이지 않는 세계를 이해하려는 과학의 성과를 의학에 구현함으로써, 미래 의료를 더욱 정밀하고 인간 중심적인 방향으로 이끌고 있다.

암 정복에 도전하는 과학

- 방사선종양학 이야기

이제 암은 더 이상 특별한 질병이 아니다. 통계적으로 대한민국 국민 세 명 중 한 명은 평생 한 번 이상 암 진단을 받게 되며, 암은 현대 사회에서 가장 흔한 질환 중 하나로 자리 잡았다. 한때 불치병으로 불리던 암은 의학과 과학 기술의 눈부신 발전을 통해 치료할 수 있는 질병으로 인식되고 있다.

CT, MRI, PET 등 정밀 영상의학 기술의 발달은 암을 눈으로 직접 확인할 수 있게 하였고, 유전자 분석과 분자 영상 기술의 도입은 암의 특성과 원인을 정확히 규명할 수 있는 시대를 열었다. 이에 따라 조기 발견과 맞춤형 치료가 가능해졌으며, 특히 유방암, 갑상선암, 전립선암 등 일부 암의 경우 조기 진단 시 완치율이 90%를 웃도는 수준에 이르렀다. 과거 암 선고가 곧 죽음의 선언이었다면, 오늘날에는 조기 발견이 곧 완치의 가능성을 의미하게 된 것이다.

그러나 암 치료는 여전히 개인과 사회에 심리적·경제적 부담을 안기는 중대한 질병이다. 고가의 항암제와 장기적인 치료 과정, 잦은 입원으로 인한 생산성 저하 등은 의료 재정과 국가 경제에도 큰 영향을 미친다. 세계보건기구(WHO)는 암으로 인한 경제적 손실이 매년 전 세계

GDP의 1%를 넘는다고 보고하고 있으며, 이는 암이 단순히 의학적 문제가 아닌 사회·경제적 도전 과제임을 보여준다.

이러한 상황에서 방사선 치료(Radiation Therapy)는 효율적이고 정밀한 치료로 주목받고 있다. 수술이 암 조직을 직접 절제하는 침습적 치료이고, 항암제가 전신에 작용하는 전신 치료라면, 방사선 치료는 암세포만을 선택적으로 파괴하면서도 정상 조직의 손상을 최소화하는 정밀 치료이다. 이는 장기의 기능과 형태를 보존하면서 종양을 제거할 수 있는 비침습적 치료법으로, 흔히 '빛의 수술'이라 불린다.

결국 방사선 치료는 단순한 기술이 아니라, 과학의 빛으로 생명을 지키는 의학의 예술이다. 칼보다 정밀한 이 빛의 칼은 암을 치료하는 데 있어 인간의 지성과 과학이 만들어 낸 찬란한 성취라 할 수 있다.

방사선종양학, 생명으로 향하는 빛의 설계도

2022년 한 해 동안 새롭게 암 진단을 받은 환자는 총 282,047명으로 확인되었다. 이 중 남성은 147,468명, 여성은 134,579명으로 집계되었으며, 인구 10만 명당 연령표준화 암 발생률은 522.7명으로 나타났다. 성별로 살펴보면 남성 592.2명, 여성 485.1명으로, 남성이 여성보다 다소 높은 발생률을 보였다.

남녀 전체를 통틀어 가장 많이 발생한 암은 갑상샘암이었으며, 이어 대장암, 폐암, 유방암, 위암, 전립선암, 간암 순으로 조사되었다.

2022년 통계청 자료에 따르면, 우리나라 국민이 기대수명인 82.7세까지 생존 시 암에 걸릴 확률은 약 38.1%로 추정된다. 성별로 살펴보면, 남성은 기대수명 79.9세까지 생존할 때 약 5명 중 2명(37.7%), 여성은 기대수명 85.6세까지 생존할 때 약 3명 중 1명(34.8%)이 암에 걸릴 것으로 추정된다.

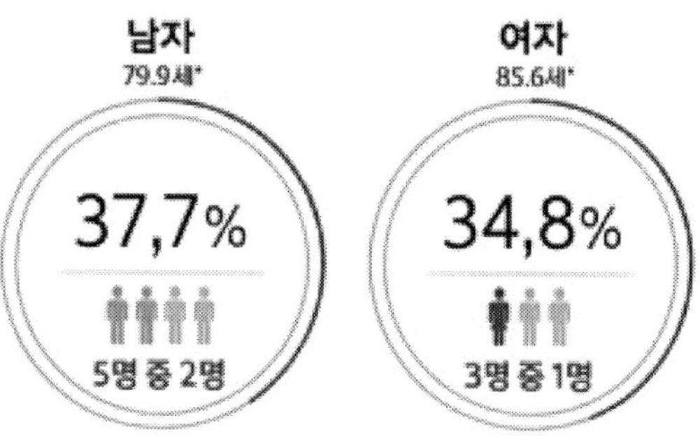

*자료 : 성별 암 발생률 비교(2022, 통계청)

이 통계는 암이 더 이상 드물거나 특별한 질환이 아니라, 우리 사회의 전 생애 건강 관리에서 반드시 대비해야 할 주요 질병임을 보여준다. 조기 검진과 생활 습관 개선, 그리고 정밀 의료 기반의 치료 발전이 향후 암 관리의 핵심적 전략으로 자리 잡고 있다.

암 종류별 5년 상대 생존율을 살펴보면, 갑상샘암이 100%로 가장 높았고, 전립선암(96.4%), 유방암(94.3%)이 그 뒤를 이으며 전반적으로 양호한 생존율을 보였다. 이는 이들 암이 비교적 조기에 발견되는 비율이 높고, 표준화된 치료법이 확립되어 있으며, 영상 진단을 기반으로 한 수술·방사선 치료·약물 치료가 효과적으로 결합된 결과로 해석된다. 반면 폐암(40.6%), 간암(39.4%), 담낭 및 기타 담도암(29.4%), 췌장암(16.5%)은 여전히 낮은 생존율을 보이는데, 이는 초기 증상이 거의 없거나 진단 시 이미 진행된 경우가 많고, 해부학적 위치와 종양 생물학적 특성상 치료가 어려운 암종의 구조적 한계를 반영한다.

특히 췌장암과 담도암과 같이 예후가 불량한 암종은 국내외를 막론하고 낮은 생존율을 보이는 대표적 질환으로, 한국의 통계 역시 이러한 국제적 경향과 크게 다르지 않다. 다만 최근에는 고해상도 영상진단, 분자 진단 기술, 표적 치료 및 면역 치료의 도입을 통해 일부 환자군에서 생존 기간이 점진적으로 개선되고 있어, 향후 조기 진단 기술과 맞춤형 치료 전략이 본격화될 경우 생존율 향상의 여지는 충분하다는 점을 시사한다.

이처럼 암종 간 생존율의 격차는 단순히 '암의 치명도' 차이로 설명되기보다는 조기 진단 가능성, 치료 접근성, 그리고 질병의 생물학적 특성이 생존에 얼마나 결정적인 영향을 미치는지를 보여주는 지표라 할 수 있다. 동일한 의료 환경과 제도 아래에서도 암의 종류에 따라 예후가 크게 달라진다는 사실은 예방과 조기 발견 전략이 암 관리의 핵심임을 다시 한번 부각시킨다.

한편 국내 전체 암 환자의 5년 상대 생존율은 의료 기술의 지속적인 발전과 국가 차원의 암 검진 체계 확립에 힘입어 꾸준히 향상되어 2022년 기준 72.9%에 이르렀다. 이는 미국, 일본, 유럽 주요 국가들과 비교해도 동등하거나 일부 암종에서는 오히려 우수한 수준으로 평가되며, 우리나라의 암 진단 및 치료 역량이 국제적으로도 경쟁력을 갖추었음을 객관적으로 보여준다. 특히 국가 암 검진 프로그램을 통해 위암·대장암·유방암·자궁경부암 등 주요 암종에서 조기 발견 비율이 높아진 점은 국내 암 생존율 향상의 중요한 기반으로 작용해 왔다.

이러한 성과는 영상의학 기술의 비약적 발전, 표준화된 치료 지침의 보급, 국민건강보험을 기반으로 한 높은 의료 접근성, 그리고 조기 검진에 대한 국민 인식의 확산이 상호 작용한 결과로 해석된다. 동시에 이는 암이 더 이상 '치료 불가능한 질병'이 아니라, 조기에 발견하고 체계적으로 관리할 경우 장기 생존과 삶의 질 유지를 기대할 수 있는 만성 질환으로 인식 전환이 이루어지고 있음을 시사한다.

결국 국내 암 생존율 통계는 우리나라 의료 시스템의 성과를 보여주는 긍정적 지표인 동시에, 여전히 생존율이 낮은 암종에 대해서는 조기 진단 기술 개발, 예방 전략 강화, 그리고 정밀의료 기반의 맞춤형 치료 연구가 지속적으로 뒷받침되어야 함을 분명히 드러내는 중요한 사회적 신호라 할 수 있다.

방사선 치료의 역사는 X선의 발견과 거의 동시에 시작되었다. 1896년 유럽과 미국에서는 X선을 이용하여 피부암을 치료하려는 시도가 이루어졌고, 이는 방사선의 생물학적 효과가 인류의 건강을 위해 처음으로 임상에 응용된 역사적 전환점이 되었다.

이후 1898년, 프랑스의 과학자 마리 퀴리와 피에르 퀴리 부부는 피치블렌드 광석에서 새로운 방사성 원소인 라듐을 분리해 내는 데 성공하였다.

라듐은 단위 질량당 방사능이 우라늄보다 수천 배 이상 높은 강력한 방사성 물질로, 특히 투과력이 큰 감마선을 방출하여 생물학적 효과가 매우 크다는 점에서 의학적 관심을 끌었다. 이를 바탕으로 피부암, 자궁경부암, 림프종 등 다양한 종양을 대상으로 한 치료 연구가 본격적으로 이루어졌다.

당시 방사선 치료는 라듐 염을 종양 표면에 직접 부착하거나, 종양 내부 또는 인접 부위에 삽입하는 방식으로 시행되었으며, 이는 오늘날 근접 방사선치료(brachytherapy)의 기초가 되었다.

방사선 치료가 도입되던 초창기에는 방사선의 생물학적 작용기전이 충분히 규명되지 않아, 의료진과 환자 모두가 피부 손상, 조직 괴사 등 다양한 부작용을 경험하였다. 이는 방사선이 정상 세포와 종양 세포에 미치는 영향과 그 차이에 대한 과학적 이해가 부족했던 데에서 비롯된 결과였다. 이러한 한계를 극복하는 데 결정적 전기를 마련한 인물이 바로 프랑스의 방사선학자 앙리 쿠탕(Henri Coutard)이다.

쿠탕은 일 회에 고용량의 방사선을 조사할 경우 정상 조직이 과도한 손상을 입는다는 사실을 규명하였으며, 방사선을 여러 차례에 나누어 조사하면 정상 세포는 손상에서 회복되는 반면 종양 세포는 회복 능력이 현저히 낮아 효과적으로 사멸시킬 수 있음을 과학적으로 입증하였다.

이 연구는 현대 방사선 치료의 핵심 개념인 분할조사(fractionated irradiation) 원리를 정립하는 데 결정적인 기초를 제공하였으며, 방사선 치료가 경험적 시술의 단계에서 벗어나 과학적 근거에 기반한 정밀의학적 치료법으로 발전하는 전환점이 되었다.

분할 조사의 도입은 방사선 치료 역사에서 획기적인 변화로 평가된다. 과거처럼 한 번에 고용량의 방사선을 조사하던 방식에서 나아가, 일정 기간 동안 여러 차례에 걸쳐 소량의 방사선을 반복적으로 조사함으로써 정상 조직에는 손상을 회복할 시간을 제공하고, 회복 능력이 상대적으로 낮은 암세포에는 치명적인 누적 손상을 유도하는 치료 원리가 확립되었다. 이는 방사선이 세포에 미치는 생물학적 작용 - DNA 손상, 세포 주기 의존성, 정상 조직과 종양 조직 간 회복 능력의 차이 - 에 대한 이해가 축적된 결과라 할 수 있다.

이러한 분할 조사 원리는 치료 효과를 극대화하는 동시에 부작용을 현저히 감소시키는 데 기여하였고, 방사선 치료의 안전성과 예측 가능성을 크게 향상시켰다. 오늘날 분할 조사는 방사선 치료의 기본이자 표준 치료 전략으로 자리 잡아, 다양한 암종과 임상 상황에 맞게 세분화·발전된 형태로 적용되고 있다. 그 결과 방사선 치료는 단순히 생존 기간을 연장하는 치료를 넘어, 환자의 기능 보존과 삶의 질 향상을 함께 고려하는 과학적이고 인도적인 치료 기반으로 확고히 정착하게 되었다.

전자기 기술의 발전에 따라 방사선 치료기기의 발전도 매우 빠르게 진행되었다.

1931년, 미국 버클리대학교의 물리학자 어니스트 로렌스(Ernest O. Lawrence)는 세계 최초로 사이클로트론(Cyclotron)을 개발하여 방사선 의학의 새로운 시대를 열었다. 이 장치는 입자를 고속으로 가속시켜 원자핵 반응을 유도함으로써 인공 방사성동위원소를 대량으로 생산할 수 있는 기술적 토대를 마련하였고, 이를 통해 의료용 방사선원을 안정적으로 확보할 수 있는 과학적 기반이 확립되었다.

이어 1949년 캐나다에서 개발된 코발트-60 감마선 치료기는 원격 방사선 치료 시대의 서막을 연 획기적인 개발이었다. 이 장비는 밀폐된 방사성 코발트를 선원으로 사용하여 일정한 방향으로 방출되는 평균 에너지가 1.25MV인 감마선을 이용해 간암과 폐암 등 인체 내 깊은 부위에서 발생한 종양까지 치료할 수 있는 새로운 가능성을 제시하였다.

이러한 기술의 발전은 기존의 라듐 의존 치료의 한계를 극복하고 방사선치료의 안전성과 효율성을 크게 향상시켰으며, 이후 전 세계로 빠르게 확산되었다. 우리나라에서는 1969년 연세암센터에서 최초로 코발트 치료기가 도입되었으며 이후 서울대학교병원 등에 도입되면서 본격적인 현대 방사선치료 시대가 개막되었고, 이는 국내 암 치료 기술의 발전을 이끄는 중요한 계기가 되었다.

1980년대에 들어서면서 방사선 치료는 기술적·의학적 혁신의 도약기를 맞이하였다. 고에너지 선형가속기(Linear Accelerator, LINAC)의 도입으로 인체 깊은 부위의 위치한 종양에도 충분하고 정밀한 선량을 전달할 수 있게 되었으며, 6~25MeV 범위의 고에너지 X선은 심부 조직에서도 균일한 치료 선량을 조사할 수 있게 했다. 또한 전자선(electron beam)을 이용한 표재성 병변 치료가 가능해지면서 방사선 치료의 적용 범위는 한층 넓어졌다.

이 시기의 기술 발전은 피부 표면에 위치한 종양의 방사선 치료 수준에서 벗어나, 인체 내 심부에 위치한 종양을 정밀하게 조준하는 근대적 정밀의학의 대표적 치료 기법으로 발전시키는 결정적 계기가 되었다.

1990년대에 들어 전산화단층촬영 모의치료기(CT Simulator)의 도입은 방사선 치료의 새로운 장을 열었다. 이를 기반으로 3차원 입체조형 치료(3D Conformal Radiotherapy, 3D-CRT)와 세기 조절 방사선 치료(Intensity Modulated Radiation Therapy, IMRT)가 임상에 본격적으로 도입되면서, 치료의 정밀도와 효율성이 비약적으로 향상되었다.

특히 3D-CRT는 CT 영상 데이터를 기반으로 종양의 위치와 형태를 3차원적으로 재구성하여, 종양의 크기와 모양에 따라 방사선의 조사 각도와 방향을 입체적으로 설계함으로써 치료의 정확성을 획기적으로 높였다. 다만, 모든 방향에서 방사선의 세기가 동일하게 조사되는 기술적 한계가 존재했으나, 이는 이후 IMRT 기술의 발전으로 극복되었다.

IMRT는 선형가속기에서 생성된 방사선 빔을 수십에서 수백 개의 세부 구역(beamlet)으로 분할한 뒤, 각 구역별 방사선 세기를 독립적으로 조절함으로써 종양의 형태와 위치에 따라 조사하는 정밀한 맞춤형 치료를 구현하는 첨단 기술이다.

이 과정에는 다엽콜리메이터(Multi-Leaf Collimator, MLC)라는 정밀 제어 장치가 핵심적으로 사용된다. 이 장치는 다수의 텅스텐 합금 잎(leaf)으로 구성되어 있으며, 치료 계획에 따라 실시간으로 움직이면서 방사선 빔의 형태와 강도를 미세하게 조절한다. 이를 통해 방사선이 종양의 복잡한 윤곽에 정확히 맞추어 조사되며, 종양과 인접한 중요 정상 조직에 대한 불필요한 조사를 최소화할 수 있다.

IMRT의 도입은 방사선 치료의 정확성과 안전성을 비약적으로 향상시켰으며, 기존의 2차원·3차원 치료보다 정상 조직을 효과적으로 보호하면서도 종양에는 고선량을 정밀하게 전달할 수 있는 기반을 마련하였다. 이러한 장점으로 인해 현재 대부분의 방사선종양학과에서 보편적인 치료 기법으로 널리 활용되고 있다.

3D-CRT와 IMRT의 기술적 기반에는 영상유도 방사선 치료(Image-Guided Radiotherapy, IGRT)가 자리하고 있다. IGRT는 치료 직전 또는 치료 중 CT나 X-ray 영상을 실시간으로 촬영하여 종양의 미세한 위치 변화를 정밀하게 확인하고 치료 계획과 차이가 있으면 실시간으로 보정 후 치료하는 기술로, 이를 통해 치료의 정확도와 재현성을 극대화할 수

있다.

이 시기에는 방사선 치료의 정밀성과 유연성을 한층 향상시킨 첨단 로봇 방사선 수술 시스템인 사이버나이프(CyberKnife)가 개발되었다. 이 장비는 로봇 팔을 이용해 환자 주변을 자유롭게 회전하며 다양한 각도에서 방사선을 조사할 수 있으며, 치료 중에도 환자의 호흡이나 체위 변화에 따라 자동으로 빔의 궤적을 조정하는 기능을 갖추고 있다.

그 결과 뇌, 폐, 간 등과 같이 움직임이 많은 부위에서 발생한 종양에도 고정밀 치료가 가능해졌으며, 기존에 수술이 어려웠던 환자들에게는 비침습적 대체 요법으로서 새로운 치료 선택지를 제공하게 되었다. 이러한 발전은 방사선 치료를 단순한 조사 기술에서 실시간 영상 기반의 정밀의학으로 진화시키는 중요한 전환점이 되었다.

최근 국내의 여러 의료기관은 양성자(Proton) 및 중입자(Carbon-ion) 치료 시스템을 적극적으로 도입하거나 도입을 적극적으로 검토하고 있다.

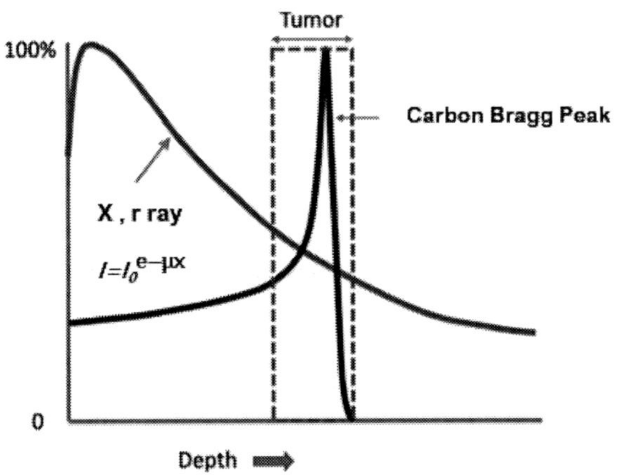

전자기선과 탄소선의 심부선량 분포도

입자방사선 치료는 양성자나 탄소 이온과 같은 입자를 매우 빠른 속도로 가속해 종양 부위에 정밀하게 에너지를 전달하는 첨단 방사선 치료 기술이다. 이 치료법의 핵심에는 '브래그 피크(Bragg Peak)' 라는 물리적 특성이 있다. 이는 입자가 인체를 통과하는 동안에는 비교적 적은 에너지를 방출하다가 목표 깊이에 도달하는 순간 에너지를 한꺼번에 집중적으로 방출하는 현상을 말한다.

이러한 특성 덕분에 입자선은 피부나 종양 앞쪽의 정상 조직에는 최소한의 방사선만 전달하고, 종양이 위치한 지점에서만 강력한 선량을 정확히 조사할 수 있다. 또한 종양을 지난 뒤에는 에너지 방출이 거의 없어, 종양 뒤쪽에 위치한 정상 장기까지 불필요한 방사선이 전달되는 것을 효과적으로 차단한다. 쉽게 말해, 입자 치료는 종양에는 '정확히 멈춰서 강하게 작용하고', 정상조직에는 '조용히 지나가는' 치료 방식이라 할 수 있다.

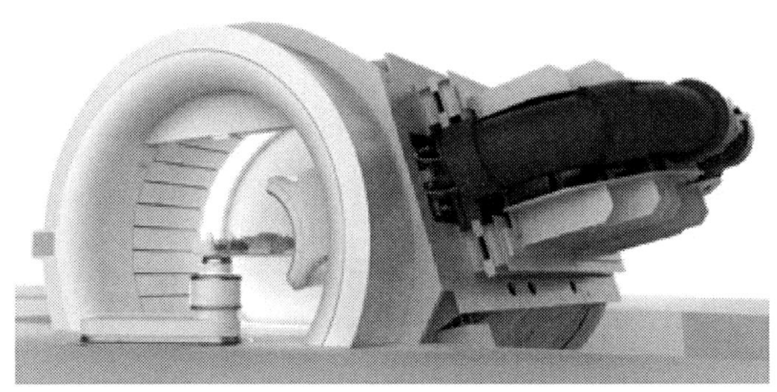

*자료 : 탄소 이온 치료기(carbon ion therapy, Toshiba)

방사선의 생물학적 작용은 종양 세포의 DNA를 손상시키는 데 있다. 특히 세포 증식에 필수적인 DNA 이중가닥이 끊어지면 암세포는 정상적인 분열이 불가능해지고, 결국 스스로 사멸(apoptosis)하거나 증식 능력을 잃게 된다. 입자선은 이 DNA 손상을 종양 내부에서 집중적으로 유도함으로써 치료 효과를 극대화한다.

그중에서도 탄소 이온 치료는 단순히 에너지를 정확히 전달하는 데 그치지 않고, 세포를 파괴하는 생물학적 효과가 매우 강한 것이 특징이다. 탄소 이온은 X선이나 양성자보다 질량이 크고 전하가 높아, 암세포 내부에 보다 복잡하고 회복이 어려운 DNA 손상을 남긴다. 이로 인해 기존 방사선 치료에 잘 반응하지 않던 방사선 저항성 암종이나 재발암, 난치성 종양에서도 높은 치료 효과를 기대할 수 있다.

이러한 이유로 입자방사선 치료, 특히 탄소 이온 치료는 기존 X선 기반 방사선 치료에 비해 정확성, 치료 효율, 정상 조직 보호 측면에서 모두 우수한 차세대 정밀 치료 기술로 평가받고 있다.

이와 같은 첨단 치료가 성공적으로 이루어지기 위해서는 종양을 정밀하게 겨냥하고 주변의 정상 조직을 최대한 보호하기 위한 정교한 영상 유도(Image Guidance) 기술과 위치 보정(Positioning Correction) 및 치료선량 계획(Dose Planning) 기술이 유기적으로 결합되어야 한다. 다양한 치료 보조기술의 융합적 접근은 방사선 치료의 정밀성과 안정성을 한층 강화하며, 암 치료의 새로운 패러다임을 제시하고 있다.

방사선 치료는 일반적으로 외부 방사선 치료(External Beam Radiotherapy)와 근접 치료(Brachytherapy)로 구분된다.

외부 방사선 치료는 신체 외부에서 방사선을 조사하여 인체 깊숙한 부위의 종양을 치료하는 방법이며, 근접 치료는 방사선원을 종양 부위 인근에 직접 삽입하거나 위치시켜 국소적으로 고선량을 전달하는 치료 방식이다.

이들 치료법은 암의 종류, 위치, 진행 정도에 따라 단독으로 시행되거나 수술 및 항암화학 요법과 병행 적용되며, 치료 목적과 환자의 상태에 따라 최적의 치료 계획이 수립된다.

결국 방사선 치료는 단순히 방사선을 조사하는 행위가 아니라, 사용되는 장비의 특성과 치료 기술의 수준에 따라 치료 효과와 부작용이 달라지는 고도의 의과학 기술이다.

외부 방사선 치료에는 선형가속기, 중입자가속기, 토모테라피(Tomo-therapy) 등 첨단 장비가 활용된다.

이 중 선형가속기는 고에너지 전자선 또는 광자선을 발생시켜 종양 부위에 균일하고 정밀한 선량을 전달하는 장치로, 국내 대부분의 의료 기관에서 표준 치료 장비로 자리매김하고 있다.

선형가속기는 피부암과 같은 표재성 병변에서부터 간암, 전립선암 등 신체 깊숙한 부위의 종양까지 폭넓은 암종 치료에 적용되며, 정확한 조준과 정밀한 선량 조절을 통해 치료 효과를 극대화한다.

2000년대 초반에는 기존 방사선 치료의 개념을 혁신적으로 확장한 토모테라피가 개발되어 임상에 도입되었다.

토모테라피는 CT 스캐너와 방사선 치료기를 결합한 형태의 첨단 장비로, IMRT에 최적화되어 있다.

환자가 원통형 겐트리(Gantry)를 통과하는 동안 방사선이 나선형으로 회전하며 조사되기 때문에, 종양의 3차원 형태를 따라 정밀하게 선량을 전달할 수 있다.

이 기술은 정상 조직의 손상을 최소화하면서 표적 종양에 높은 선량을 집중시킬 수 있는 치료적 혁신으로, 특히 길거나 불규칙한 모양의 종양 치료에서 효과적이다.

눈에 보이지 않는 방사선은 정밀한 물리학적 원리와 생물학적 근거 위에서 작용하며, 매일 수많은 환자의 생명을 지켜내는 보이지 않는 빛의 의술로서 그 가치를 발휘하고 있다.

외부 방사선 치료는 햇빛이 멀리서 비추듯 신체 외부에서 방사선을 조사하여 종양을 치료하는 방식으로, 대부분의 암종에 폭넓게 적용할 수 있다는 장점이 있다.

반면 근접 방사선 치료는 촛불을 종양 바로 옆에 두는 것과 같은 원리로, 방사선원을 종양 인접 부위에 위치시켜 국소적으로 높은 선량을 정확히 전달하면서도 정상 조직의 손상을 최소화할 수 있다.

근접 치료에는 치료 부위와 암의 형태에 따라 강내조사(Intracavitary Therapy), 관내조사(Intraluminal Therapy), 조직 내 삽입조사(Interstitial Therapy) 등의 방법이 적용된다.

강내조사는 자궁강이나 질강 등 장기 내부의 공간에 방사선원을 삽입하는 방식으로 자궁경부암 치료에 널리 활용되고 있으며, 관내조사는 식도나 기관지 등 속이 빈 관상 장기에 방사선원을 삽입하여 종양을 치료하는 방법이다.

조직 내 삽입조사는 암 조직 내부에 바늘 또는 튜브 형태의 선원을 직접 삽입하여 전립선암 등 고형암의 정밀 치료에 주로 활용된다.

근접 방사선 치료는 종양 부위에 고선량을 집중적으로 전달하기 위해 인체 내에 치료 보조기구를 삽입해야 하므로 시술 과정의 전문성과 세심한 계획이 요구된다.

이 치료법은 종양의 크기가 크거나 인접 장기나 림프절로 전이가 진행된 경우에는 단독 적용이 제한되므로, 대부분의 경우 외부 방사선 치료와 병행하여 시행함으로써 치료 효과를 극대화하고 부자용을 최소화한다.

이처럼 방사선 치료는 외부 치료와 내부 치료의 다양한 기술이 유기적으로 결합된 정밀하고 통합적인 암 치료법으로 발전하고 있으며, 현대 의학의 정밀성과 과학적 사고가 결합되어 첨단 맞춤형 치료의 핵심 기술로 자리매김하고 있다.

방사선은 세포 안에서 어떤 일을 일으킬까?

방사선 치료는 보이지 않는 입자 또는 파동 형태의 에너지를 종양 부위에 정밀하게 전달해 암세포를 선택적으로 손상시키는 과학적 치료 과정이다. 방사선은 눈에 보이지 않는 에너지의 화살처럼 인체를 통과하며 원자 속 전자에 에너지를 전달하고, 이 과정에서 세포의 핵심 구조인 DNA에 손상을 유도해 암세포의 분열과 증식을 억제한다. 이러한 작용은 무작위로 일어나는 것이 아니라, 종양의 위치와 크기, 주변 정상 조직의 특성을 면밀히 고려해 설계된 치료 계획에 따라 정교하게 조절된다. 이 과정에서 의학물리학자는 방사선이 종양에는 최대한 집중되고 정상 조직에는 최소한만 전달되도록 물리적 원리와 해부학적 정보를 결합해 치료의 전 과정을 설계한다.

방사선 치료의 핵심 개념은 선량(dose)이다. 선량은 단위 질량당 흡수된 에너지(J/kg)를 의미하며, '그레이(Gray, Gy)'라는 단위로 표현된다.

선량이 너무 낮으면 치료 효과가 부족하고, 지나치게 높으면 정상 조직 손상의 위험이 커지기 때문에, 치료의 성패는 장기별 내용 선량(tolerance dose) 범위 내에서 적절한 선량 분포를 구현하는 데 달려 있다. 이를 위해 방사선종양학자와 의학물리학자는 표적 종양에는 충분한 치료 효과를 낼 수 있는 선량을, 주변 정상 조직에는 가능한 한 낮은 선량을 전달하는 최적의 균형점을 찾는다.

이러한 정밀 조절을 가능하게 하는 것이 치료 계획 시스템(Treatment Planning System, TPS)이다. CT나 MRI를 기반으로 한 3차원 치료 계획 시스템(3D TPS)은 종양과 정상 조직을 입체적으로 재현해 방사선의 경로와 강도를 미리 시뮬레이션한다.

여기에 다엽 콜리메이터(MLC)가 종양의 모양에 맞춰 방사선 빔의 형태를 조절하고, 선형가속기(LINAC)가 고에너지 방사선을 안정적으로 생성해 정확한 위치로 전달한다.

방사선은 햇빛이 피부에 닿아 에너지를 전달하듯 인체에 작용하지만, 그 에너지는 세포 수준에서 생물학적 변화를 일으킬 만큼 강력하다.

방사선은 종양 세포와 정상 세포 모두에 영향을 미치지만, 정상 세포는 손상된 DNA를 복구할 수 있는 능력이 상대적으로 뛰어난 반면, 종양 세포는 이러한 복구 능력이 현저히 낮다. 이 생물학적 차이로 인해 방사선 치료는 정상 조직의 회복을 허용하면서도 종양 세포를 효과적으로 제거할 수 있는 선택적 치료법으로 작용한다.

이 원리를 설명하는 핵심 생물학적 개념이 바로 방사선생물학의 '4R'

로, 간단히 정리하면 아래와 같다.

- **Repair(회복)** : 정상 세포는 방사선으로 인한 DNA 손상을 효율적으로 복구한다.
- **Repopulation(재증식)** : 치료 기간 중 정상 조직은 재생을 통해 기능을 회복할 수 있다.
- **Reassortment(재배치)** : 세포는 분열주기(cell cycle)에 따라 방사선에 대한 민감도가 달라진다.
- **Reoxygenation(재산소화)** : X선이나 γ선 치료 시, 산소 농도가 높은 종양일수록 방사선의 생물학적 효과가 커진다.

방사선 치료를 단 한 번에 집중적으로 시행하지 않고, 보통 수 주에 걸쳐 여러 차례로 나누어 분할 조사를 시행하는 이유는 정상 세포가 손상 이후 회복할 수 있는 충분한 시간을 확보하기 위함이다. 이러한 치료 방식은 정상 세포에는 회복의 기회를 제공하는 반면, 복구 능력이 현저히 떨어지는 종양 세포에는 반복적인 방사선 조사로 손상이 누적되도록 하여 결국 세포 사멸로 이어지게 한다. 이와 같은 분할 조사의 원리는 방사선 치료의 생물학적 효과를 극대화하면서 부작용을 최소화하는 핵심 전략으로 자리 잡고 있다.

방사선 치료는 치료 목적에 따라 크게 완치요법(curative), 보조요법(adjuvant), 완화요법(palliative)의 세 가지 범주로 구분된다. 이 가운데 완치요법은 암을 근본적으로 제거하는 것을 목표로 하며, 수술요법과 함께 암 치료의 대표적인 근치적 치료 수단으로 활용된다. 수술은 눈에 보이는 종양을 직접 제거할 수 있다는 점에서 치료 효과가 즉각적이고 확실한 장점이 있지만, 병변의 위치와 크기, 침윤 범위에 따라 기능 손실이나 합병증의 위험이 동반될 수 있다.

화학요법(chemotherapy)은 혈류를 통해 전신에 작용함으로써 눈에 보이지 않는 미세 전이나 잔존 암세포를 제거하는 데 강점을 지닌다. 다만 정상 세포에도 영향을 미칠 수 있어 탈모, 오심, 면역 저하와 같은 전신 부작용이 발생할 수 있으며, 단독 치료보다는 수술이나 방사선 치료와 병행될 때 효과가 극대화되는 경우가 많다. 이러한 이유로 현대 암 치료에서는 수술로 종양의 부담을 줄인 뒤 항암 치료나 방사선 치료를 추가하는 다학제적 치료 전략이 표준으로 자리 잡고 있다.

이에 비해 방사선 치료는 국소 부위에 고에너지 방사선을 집중 조사해 암세포를 선택적으로 손상시키는 치료로, 수술이 어려운 부위나 기능 보존이 필요한 경우에 특히 중요한 역할을 한다. 예를 들어 초기 성대암에서는 수술 시 발성 기능 저하가 우려되지만, 방사선 치료는 성대를 보존하면서도 높은 완치율을 기대할 수 있다. 전립선암 역시 요실금이나 성기능 장애와 같은 수술 후 합병증을 최소화하면서, 방사선 치료 단독 또는 항암 치료와 병행 시 수술과 동등한 치료 성적을 보인다는 연구 결과가 다수 보고되고 있다.

메그왈루(Megwalu) 등의 연구에 따르면, SEER 데이터베이스에 등록된 초기 후두암(I · II기) 환자를 대상으로 수술 단독군과 방사선 치료 단독군의 성적을 비교한 결과 두 치료법 사이의 유효한 차이는 발견되지 않았다. 해당 연구진은 후향적 코호트 분석을 통해 카플란 마이어(Kaplan-Meier) 생존 분석과 콕스(Cox) 회귀모형을 적용하였으며, 연령·병기·발병 부위 등 다양한 변수를 보정하여 생존율을 정밀하게 평가하였다. 그 결과, 전체 생존율과 암 특이 생존율 모두에서 두 군은 대등한 수치를 기록하였으며, 성대암과 상후두암 모두에서 동등한 치료 효능이 있음이 입증되었다.

또한 의학박사 함디(Hamdy) 등(2023)이 1,600명 이상의 초기·저위험 및 중간위험군 전립선암 환자를 대상으로 근치적 전립선절제술과 방사선 치료의 장기 치료 성적을 비교하기 위해 15년에 걸친 전향적 무작위 배정 연구 결과, 수술과 방사선치료 모두 생존율과 암으로 인한 사망률에서 큰 차이가 없었으며, 장기적인 치료 성적에서도 통계적으로 유의미한 차이가 없었던 것으로 보고하고 있다. 다만 치료 후 나타나는 부작용의 양상에는 차이가 있었는데, 수술을 받은 환자에서는 요로 기능 저하가 상대적으로 더 자주 나타난 반면, 방사선치료를 받은 환자에서는 치료 초기 장이나 요로계 증상이 다소 흔했지만, 이러한 증상은 시간이 지나면서 점차 호전되는 경향을 보였다.

이와 같은 임상적 근거는 초기 후두암과 전립선암과 같이 기능 보존이 중요한 암종에서 방사선 치료가 수술과 동등한 완치율을 유지하면서도, 음성 보존, 삼킴 기능 유지, 배뇨·성기능 보존 등 삶의 질 측면에서 우수한 치료 옵션이 될 수 있음을 보여준다. 따라서 방사선 치료는 단순한 대체 치료가 아니라, 특정 암종에서는 환자의 치료 성적과 삶의 질을 동시에 충족시키는 중요한 1차 치료로 확고히 자리매김하고 있다.

보조요법은 수술 후 현미경적 수준에서 남아 있을 수 있는 잔여 암세포를 제거하고 재발 위험을 낮추기 위해 시행된다. 수술 후 조직검사에서 잔여 병변이 확인되거나 재발 가능성이 높은 경우, 방사선치료를 병행함으로써 국소 재발률을 유의하게 감소시킬 수 있다. 이처럼 수술과 방사선 치료는 상호 보완적으로 작용하며, 치료 효과를 극대화하는 통합 치료 전략을 이룬다.

완화요법은 암이 진행되어 완치가 어려운 환자의 통증과 증상을 완화하고 삶의 질을 향상시키기 위해 시행된다. 예를 들어, 뼈 전이로 인한 심한 통증은 방사선 치료 후 수일 내에 현저히 감소하는 경우가 많으며, 뇌 전이에 따른 마비나 두통, 출혈, 호흡 곤란과 같은 응급 증상 조절에도 방사선 치료는 신속하고 효과적인 치료 수단으로 활용된다.

다만 방사선 치료는 종양 세포뿐 아니라 주변 정상 조직에도 일정 부분 영향을 미칠 수 있으므로, 치료 부위에 따라 다양한 증상과 부작용이 나타날 수 있다. 머리나 목 부위 치료 시에는 침샘과 점막 손상으로 구강 건조나 삼킴 곤란이 발생할 수 있으며, 흉부 치료에서는 피부가 햇볕에 그을린 듯 붉어지거나 가려움이 나타날 수 있다. 복부나 골반 부위 치료 시에는 장이나 방광이 영향을 받아 설사, 복부 불편감, 배뇨 빈도 증가 등의 증상이 동반될 수 있으나, 이러한 증상은 대부분 치료 종료 후 점진적으로 회복되며 심각한 장기 손상은 매우 드문 것으로 알려져 있다.

따라서 치료 전에는 의료진으로부터 치료 과정과 예상되는 부작용, 관리 방법에 대해 충분한 설명을 듣고 환자와 보호자가 이를 이해하는 것이 중요하다. 치료 중에는 조사 부위 피부 자극을 최소화하기 위해 강한 비누 사용이나 과도한 마찰을 피하고, 보습제를 꾸준히 사용하는 것이 권장된다. 또한 치료 부위에 따라 부드럽고 소화가 잘되는 식이를 유지하는 것이 증상 완화에 도움이 된다.

방사선 치료는 보통 주 5회씩 수 주간 진행되므로, 치료 기간 동안 보호자의 정서적 지지와 격려는 환자의 피로 관리와 치료 순응도를 높이는 데 중요한 역할을 한다. 치료 종료 후에도 일정 기간 피로감이나 피부 변화, 배변·배뇨 불편감이 남을 수 있으므로, 증상이 지속되거나 악화될 경우 즉시 의료진과 상의하여 적절한 관리를 받는 것이 바람직하다.

치료 이후에는 정기적인 CT, MRI, 혈액검사를 통해 재발 여부와 합병증을 조기에 확인해야 하며, 금연과 금주, 균형 잡힌 식사, 규칙적인 운동은 회복과 재발 예방에 큰 도움이 된다. 더불어 가족과 보호자의 지속적인 협력은 환자의 심리적 안정과 장기적인 치료 성과를 높이는 중요한 요소로 작용한다.

결국 방사선 치료는 단순히 암을 제거하기 위한 물리적 수단을 넘어, 완치를 돕고 수술의 효과를 보완하며, 통증과 증상을 완화하여 환자에게 새로운 삶의 가능성을 열어 주는 정밀의학적 치료법이라 할 수 있다. 이는 보이지 않는 에너지로 생명을 지키는, 현대 의학의 '희망의 빛'이라 평가할 수 있다.

4장

식탁과 생활 속의 방사선

우리가 매일 접하는 식탁 위의 음식과 화장대 위의 화장품, 그리고 병원에서 사용하는 의료기기와 의약품의 이면에는 보이지 않는 방사선 과학이 조용히 작동하고 있다. 방사선은 흔히 치료나 원자력 발전과 같은 특수한 분야의 기술로 인식되지만, 실제로는 일상생활의 안전과 품질을 뒷받침하는 핵심 과학기술 가운데 하나다.

예를 들어 자외선(UV)은 표면이나 공기 중의 미생물을 비활성화하는 데 활용되어 실내 위생 관리와 감염 예방에 기여하고 있으며, 감마선이나 전자선을 이용한 방사선 멸균 기술은 의료기기와 일부 의약품, 주사기·카테터와 같은 일회용 의료 소모품을 화학 잔류물 없이 멸균함으로써 높은 안전성을 확보한다. 이러한 멸균 방식은 고온이나 화학약품에 취약한 재료에도 적용할 수 있어, 현대 의료 시스템의 신뢰성을 지탱하는 중요한 기반이 된다.

또한 방사선 기술은 화장품 원료나 의약품 원료의 미생물 관리, 고분자 재료의 안전성 향상 등 품질 관리 영역에서도 활용되며, 화학적 방부제나 살균제 사용을 줄일 수 있다는 점에서 환경 부담을 낮추는 대안 기술로 발전해 왔다. 이처럼 방사선은 직접 눈에 띄지는 않지만, 제품의 안전성과 일관된 품질을 유지하는 데 필수적인 역할을 수행하고 있다.

4장에서는 우리가 일상에서 쉽게 인식하지 못했던 생활 속 방사선 기술의 다양한 활용 사례와 그 과학적 원리를 살펴봄으로써, 방사선이 인간의 삶을 보다 안전하고 건강하며 지속 가능한 방향으로 뒷받침해 온 과정을 조명하고자 한다.

생활 속 숨은 파수꾼

- 자외선과 방사선 위생 기술

병원 내 수술실과 무균실은 환자의 신체 조직이 직접 외부 환경에 노출되고 다양한 의료기구가 사용되는 공간으로, 무엇보다도 철저한 청결과 정밀한 관리가 요구된다. 이러한 환경에서 세균이나 바이러스가 확산될 경우 감염 위험은 급격히 증가하며, 이는 수술의 성공 여부는 물론 환자의 생명과 예후에까지 중대한 영향을 미칠 수 있다. 따라서 눈에 보이지 않는 미생물의 존재를 최소화하고 감염 가능성을 사전에 차단하는 것은 현대 의료에서 가장 중요한 과제 가운데 하나로 인식되고 있다.

이러한 목적을 위해 의료 현장에서 널리 활용되는 기술 가운데 하나가 자외선(Ultraviolet, UV) 살균 기술이다. 자외선은 인간의 눈에는 보이지 않지만, 공기·물·표면에 존재하는 미생물을 비활성화하는 물리적 에너지원으로 작용한다. 병원에서는 자외선 살균 램프나 고정형·이동형 UV 장비를 활용하여 수술실 내부 공기, 의료기구 표면, 바닥 등에서 잔존할 수 있는 미생물 부하를 감소시키는 데 사용한다. 자외선 살균은 화학 약품을 사용하지 않고 빛의 에너지만으로 작용하기 때문에, 적절히 관리될 경우 화학 소독제 사용을 보완하는 친환경적 위생 관리 기술로 평가된다.

특히 파장이 200~280nm 범위인 UV-C는 세균과 바이러스의 DNA 또는 RNA에 직접 작용하여 염기 결합을 손상시키고, 그 결과 미생물의 증식과 감염 능력을 상실하게 만든다. 이러한 살균 메커니즘은 내성 발생 위험이 낮고 반복 사용이 가능하다는 장점이 있어, 병원 내 환경 관리와 감염 관리 전략의 중요한 구성 요소로 자리 잡고 있다.

자외선 기술의 활용은 의료기관에만 국한되지 않는다. 이 보이지 않는 빛은 가정, 학교, 사무실, 식품 가공 시설, 수처리 시설 등 다양한 생활 환경에서 공기와 물, 표면 위생을 관리하는 기술로 활용되고 있다. 공기 중에 존재하는 세균과 곰팡이는 불쾌한 냄새를 유발할 뿐 아니라, 알레르기 질환이나 호흡기 감염의 위험 요인이 될 수 있다. 이를 줄이기 위해 환기 시스템이나 공기청정기에 UV-C 광원을 결합한 공기 살균 기술이 도입되고 있으며, 이는 공기 흐름 과정에서 미생물을 비활성화하여 실내 환경의 위생 수준을 개선하는 데 기여한다.

정수 처리 분야에서도 자외선은 염소나 기타 화학 소독제를 보완하거나 대체하는 물리적 살균 수단으로 활용된다. 자외선 처리는 물의 맛이나 화학적 성분에 영향을 거의 미치지 않으며, 소독 부산물을 생성하지 않는다는 장점이 있다. 이로 인해 상수 처리 시설, 정수기, 수영장 등 다양한 수처리 환경에서 안전성과 환경성을 동시에 고려한 기술로 채택되고 있다.

이러한 원리는 가정 환경에서도 동일하게 적용된다. 우리는 일상적으로 칫솔, 컵, 휴대전화, 키보드 등 다양한 물품과 접촉하며 생활하지만, 이들 표면에는 눈에 보이지 않는 미생물이 쉽게 축적될 수 있다. 특히 습도가 높은 욕실 환경에서는 칫솔이나 컵이 세균 증식에 취약할 수 있으며, 휴대전화와 같은 개인 전자기기는 손과 얼굴을 반복적으로 오가며 미생물 전파의 매개체가 되기 쉽다.

이와 같은 생활 속 위생 문제를 관리하기 위한 수단으로 UV-C 자외선 살균 기술이 활용되고 있다. UV-C는 미생물의 유전 물질을 손상시켜 증식을 억제하며, 약품이나 고온 처리 없이도 비교적 짧은 시간 안에 살균 효과를 기대할 수 있다. 가정용 UV 살균기는 공기와 물, 생활용품의 표면을 직접 조사하거나, 밀폐된 공간에서 제한적으로 빛을 조사하는 방식으로 설계된다. 최근에는 공기청정기, 환기 시스템, 냉장고, 세탁기 등 다양한 생활 가전에 UV 기술이 적용되면서, 위생 관리와 건강 관리가 일상 속에서 보다 체계적으로 이루어지고 있다.

이제 자외선과 방사선 기반 위생 기술은 단순한 소독 수단을 넘어, 생활 환경 전반의 위생 수준을 과학적으로 관리하는 보조적 인프라로 발전하고 있다. 눈에 보이지 않는 청결을 체계적으로 관리하는 일은 감염 예방과 건강 유지의 기본 조건이며, 이를 과학적으로 실천할 때 보다 안전하고 지속 가능한 생활 환경이 가능해진다.

UV 살균 기술은 화학적 독성 물질을 사용하지 않고 공기와 물, 환경을 관리할 수 있는 물리적 위생 기술이다. 이 보이지 않는 빛은 의료 현장에서 환자의 안전을 보호하고, 일상 공간의 위생 수준을 높이며, 현대 사회의 생활 환경을 보다 건강하게 유지하는 데 기여하는 중요한 과학 기술로 자리 잡고 있다.

안전한 식탁을 지키는 과학

- 식품과 방사선 멸균 기술

방사선은 음식과 생활 환경의 위생을 지키는 보이지 않는 과학적 기반으로 기능하고 있다. 특히 멸균과 살균의 영역에서 방사선 기술은 인간의 안전과 건강을 체계적으로 보장하는 핵심 수단으로 자리매김해 왔다.

전통적으로 널리 사용되어 온 에틸렌옥사이드(ethylene oxide, EO) 가스 멸균법은 세균의 단백질과 DNA에 화학적으로 결합하여 유전 정보의 정상적인 복제와 단백질 기능을 방해함으로써 미생물의 증식을 억제하는 방식이다. 이 공정은 비교적 낮은 온도에서도 효과적인 멸균이 가능하다는 장점을 지녀, 열에 민감한 의료기기나 전자 부품이 포함된 복잡한 구조의 제품에도 오랫동안 활용되어 왔다. 그러나 EO 가스는 강한 독성과 잔류성을 지닌 물질로, 멸균 후 장시간의 환기와 잔류 가스 제거 공정이 필요하다. 흡입 시 점막 자극, 두통, 어지럼증을 유발할 수 있으며, 고농도 노출의 경우 호흡기 손상이나 신경계 이상이 보고된 바 있다. 또한 장기 노출과 관련된 발암성 및 생식 독성 가능성이 국제적으로 제기되면서, EO 멸균 공정은 엄격한 관리가 요구되는 고위험 공정으로 인식되고 있다. 이에 따라 미국 FDA와 유럽 규제기관은 EO 잔류 허용 기준을 지속적으로 강화하고 있다.

이에 비해 방사선 멸균(radiation sterilization)은 화학 물질을 사용하지 않고, 고에너지 감마선, 전자선, 또는 X선을 이용해 미생물의 유전물질을 물리적으로 손상시키는 멸균 방식이다. 국제적으로 통용되는 멸균 보증 수준(Sterility Assurance Level, SAL)은 10^{-6} 이하, 즉 100만 개의 미생물 중 단 하나만 생존할 확률을 기준으로 설정되며, 이를 달성하기 위해 의료기기 멸균에서는 일반적으로 약 25kGy 수준의 방사선 선량이 조사된다. 이 과정에서 방사선 에너지는 미생물 DNA의 결합 구조를 손상시켜 복제와 증식을 불가능하게 만든다.

방사선 멸균의 작용 원리는 크게 직접 작용과 간접 작용으로 구분된다. 직접 작용은 전자선과 같은 입자 방사선이 세포 내 DNA와 직접 상호작용하여 분자 결합을 끊는 방식이다. 간접 작용은 감마선이나 X선과 같은 전자기 방사선이 물 분자를 방사성 분해를 통해 수산화 라디칼($\cdot$OH)과 같은 반응성이 높은 활성종을 생성하고, 이들이 다시 생체분자를 산화·손상시켜 미생물을 비활성화하는 과정이다. 이러한 복합적 작용 기전은 다양한 미생물에 대해 안정적인 멸균 효과를 제공한다.

방사선 멸균에는 여러 기술적 방식이 활용된다. 감마선 멸균은 코발트-60에서 방출되는 감마선을 이용하며, 투과력이 매우 높아 두꺼운 포장재나 복잡한 구조물 내부까지 균일한 멸균이 가능하다. 주사기, 수술용 장갑, 봉합사 등 다수의 일회용 의료기기가 이 방식으로 멸균된다. 전자선 멸균은 전자를 가속해 조사하는 방식으로, 처리 속도가 빠르고 선량 제어가 정밀하다는 장점이 있으나 투과력이 상대적으로 낮아 얇은 제품이나 단일 포장 제품에 주로 사용된다. X선 멸균은 감마선과 유사한 투과력을 가지면서도 방사성동위원소를 사용하지 않고 전원 제어가 가능하다는 점에서, 차세대 멸균 기술로 주목받고 있다.

방사선 기술의 활용은 의료기기에만 국한되지 않고 식품 안전과 국제 무역의 영역으로 확장되고 있다. 감자와 양파는 저장 중 발아가 진행되면 품질이 저하되고, 감자의 경우 특정 조건에서 글리코알칼로이드(Glycoalkaloid) 함량이 증가할 수 있다. 이에 따라 0.05 ~ 0.15 kGy 수준의 저선량 방사선 조사를 통해 발아를 억제함으로써 저장성과 유통 안정성을 높이는 기술이 여러 국가에서 활용되고 있다. 이러한 처리는 식품의 안전성과 품질을 유지하면서 계절적 공급 변동을 완화하는 데 기여한다.

또한 방사선 조사는 수산물, 향신료, 열대 과일의 위생 관리와 검역 과정에서도 중요한 역할을 수행한다. 많은 국가에서 수산물에 대한 방사선 조사를 통해 기생충 감염 위험을 관리하고 있으며, 특히 미국과 유럽 일부 국가에서는 향신료의 미생물 오염(살모넬라, 대장균 등)을 저감하기 위해 방사선 멸균이 상용화되어 있다. 이 기술은 식품의 맛과 영양 성분에 미치는 영향이 매우 제한적이면서도 국제 검역 기준을 충족할 수 있어, 글로벌 식품 유통의 신뢰성을 높이는 수단으로 평가된다.

한편 주사기, 수술용 장갑, 수액 세트, 영유아용 젖병과 같은 의료·생활용품은 인체와 직접 접촉하는 만큼 철저한 멸균이 필수적이다. 과거에는 고온 증기 멸균이나 EO 가스 멸균이 주로 사용되었으나, 열에 약한 소재의 변형이나 화학 잔류물 문제가 한계로 지적되어 왔다. 이에 비해 방사선 멸균은 제품을 최종 포장 상태로 단시간 내에 멸균할 수 있고, 화학적 잔류물이 남지 않으며 소재 손상이 상대적으로 적다는 점에서 효과적인 대안으로 자리 잡았다. 현재 병원에서 사용되는 다수의 일회용 의료기기는 방사선 멸균 공정을 거쳐 공급되고 있다.

국제원자력기구(IAEA)에 따르면, 선진국에서 생산되는 일회용 의료기기의 약 40~50%가 방사선 멸균을 거치며, 전 세계적으로 200곳 이상의 상업용 방사선 멸균 시설이 운영 중이다. 글로벌 방사선 멸균 서비스 시장은 지속적인 성장세를 보이고 있으며, 국내에서도 감마선과 전자선 멸균 시설이 가동되어 의료기기와 식품 산업의 품질 경쟁력을 뒷받침하고 있다.

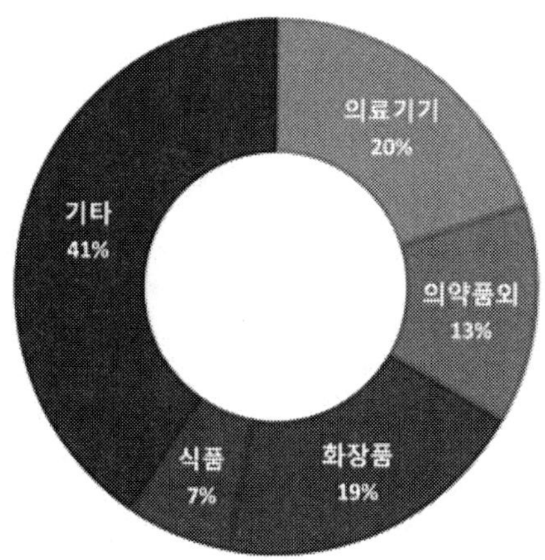

*자료 : 국내 방사선 멸균 수요 산업 분포도(IMARC), (2024년도 추정)

국내에서는 1980년대 후반 감마선 조사 시스템 도입을 계기로 방사선 멸균 산업이 본격화되었으며, 현재는 감마선과 전자선 멸균 시설을 운영하는 여러 기업이 의료기기와 산업용 제품 멸균을 수행하고 있다. 관련 기관의 보고에 따르면, 방사선 멸균 인프라는 국내 의료기기 수출 경쟁력을 강화하는 핵심 기반으로 기능하고 있다.

시장 조사 기관의 분석에 따르면, 국내 방사선 멸균 산업은 연평균 8% 내외의 성장세를 보이고 있으며, K-뷰티와 K-푸드의 세계적 확산과 함께 화장품, 식품, 바이오 산업 전반에서 방사선 멸균 수요는 앞으로도 증가할 것으로 전망된다.

결국 방사선 멸균은 단순한 살균 기술을 넘어, 환자의 생명과 식품의 안전, 그리고 국제 무역의 신뢰를 지탱하는 과학적 기반이라 할 수 있다. 우리가 병원에서 안심하고 의료 서비스를 이용하고, 국경을 넘어 안전한 식품을 소비할 수 있는 배경에는 이러한 보이지 않는 과학 기술이 일상 속에서 묵묵히 작동하고 있다. 방사선 기술은 인간의 건강과 안전을 지키는 조용하지만 신뢰할 수 있는 과학적 방패로서, 앞으로도 그 역할과 중요성은 더욱 확대될 것이다.

건강과 아름다움을 설계하는 빛

- K-뷰티와 바이오 혁신

백악관 대변인이 올리브영 화장품 쇼핑 경험을 언급한 일화는 K-뷰티 열풍을 상징적으로 보여주는 장면으로 널리 회자되었다. '물광 피부'의 상징으로 자리 잡은 한국 화장품은 소셜미디어를 통해 빠르게 확산되며 세계적 화제를 모았고, 우수한 발림성과 자연스러운 광택, 민감성 피부에도 비교적 부담이 적다는 사용 경험이 축적되면서 소비자들의 신뢰를 단기간에 확보했다. 그 결과, 구매는 선크림에 그치지 않고 동일 브랜드의 클렌저와 패드 등 기초 제품군으로 자연스럽게 확장되었으며, 매대가 순식간에 비워지는 장면은 이제 일회성 이벤트가 아니라 글로벌 소비 문화의 일상적인 풍경으로 반복 재현되고 있다.

이러한 현상은 2000년대 이후 본격화된 K-뷰티의 세계적 확산 흐름 속에서 이해될 때 더욱 분명한 의미를 지닌다. 2000년대 초반 기능성 화장품과 BB크림을 계기로 주목받기 시작한 K-뷰티는, 이후 스킨케어 중심의 단계별 관리 개념과 성분 안전성에 대한 높은 기준, 빠른 제품 개발 주기와 민첩한 트렌드 대응력을 강점으로 삼아 글로벌 시장에서 꾸준히 영향력을 확대해 왔다. 특히 2010년대 이후에는 K-팝과 K-드라마로 대표되는 한류 문화와 결합하며 '한국식 아름다움'과 '과학적 피부 관리'라는 이미지를 동시에 구축하는 데 성공했고, 이는 K-뷰티를 하나의 문화적 코드이자 신뢰 가능한 기술 브랜드로 자리매김하게 했다.

이 같은 흐름은 수치로도 명확히 확인된다. 정부 통계에 따르면 한국의 화장품 수출은 2024년 처음으로 100억 달러를 넘어섰으며, 같은 해 세계 화장품 수출 시장에서 한국은 상위권 국가로 확고한 존재감을 드러냈다. 이어 2025년에는 한국이 프랑스에 이어 세계 2위권 수출국으로 부상했다는 해외 보도도 이어졌다. 이는 특정 히트 상품의 성공을 넘어, 품질 관리와 과학적 연구 기반, 감각적인 브랜드 기획, 글로벌 유통 전략이 유기적으로 결합된 한국 화장품 산업 전반의 경쟁력이 국제 시장에서 구조적으로 인정받고 있음을 보여주는 지표로 해석된다.

이는 2000년대 이후 축적되어 온 K-뷰티의 신뢰와 기술, 문화적 영향력이 세계 시장에서 자연스럽게 발현된 결과라 할 수 있으며, K-뷰티가 일시적 유행을 넘어 글로벌 뷰티 산업의 한 축으로 안정적으로 자리 잡았음을 상징적으로 보여준다. 최근 수출 추세를 살펴보면, 북미·유럽 등 전통적 시장뿐 아니라 중동·동남아·중남미 등 신흥 시장으로의 수출 다변화가 동시에 진행되고 있다. 아울러 기초 화장품에 머물던 한국 화장품은 이제 피부 고민을 전문적으로 관리하는 더마코스메틱과 자외선 차단 효과를 강화한 기능성 선케어, 개인의 피부 상태에 맞춘 맞춤형 제품까지 영역을 넓히며 한층 더 전문적이고 세분화된 방향으로 발전하고 있다. 이러한 흐름은 단기적 반등이 아니라 구조적 성장 국면에 진입했음을 시사하며, 향후에도 K-뷰티 수출이 안정적인 증가세를 이어갈 가능성을 뒷받침한다.

과거 '가성비'의 이미지로 회자되던 K-뷰티는 이제 '제품 기획과 성분 설계의 과학성, 생산·품질 관리의 속도와 정교함'을 핵심 경쟁력으로 재정의하고 있다. 짧은 주기의 제품 리뉴얼과 유연한 라인 확장, 글로벌 규제 대응 역량은 변화가 빠른 국제 시장에서 지속 성장을 가능하게 하는 구조적 강점으로 작동하고 있다. 이러한 산업적 진화는 K-뷰티가 문화적 매력과 기술 기반을 동시에 갖춘 문화·산업 융합 모델로서, 앞으로도 세계 뷰티 시장에서 장기적인 성장 궤도를 이어갈 것임을 분명히 보여준다.

미국 시장에서의 변화는 특히 선명하다. 세포라, 코스트코 등 오프라인 유통 채널에서 한국 브랜드의 노출이 늘고, 틱톡과 같은 숏폼 플랫폼의 바이럴이 결합되면서 제품이 '발견 → 체험 → 재구매'로 이어지는 속도가 빨라졌다. 실제로 한국은 2024년에 미국으로의 화장품 수출에서 두드러진 성과를 거두었다는 보도도 있다.

관세·물류·환율 같은 불확실성이 존재함에도, 국내 기업들은 비교적 유연한 생산·공급 체계와 빠른 제품 개선으로 시장 대응력을 높여 왔다.

또한 한국의 내수 시장은 세계적으로도 정교하고 민감한 소비자 생태계를 갖춘 것으로 평가된다. 국내 소비자들은 성분을 면밀히 확인하고 사용 경험을 세밀하게 기록하며, 신제품에 대한 반응이 온라인에서 즉시 축적된다. 이처럼 촘촘한 '고속 피드백 루프'는 국내에서 검증된 포뮬러가 해외 라인업으로 확장되는 기반이 되었고, 대중 제품과 프리미엄 제품이 동시에 성장하는 이중 구조는 K-뷰티가 유행을 넘어 산업적 시스템으로 작동하고 있음을 보여준다.

K-뷰티의 성공은 결국 제품 하나의 완성도만으로 설명되지 않는다. 그 중심에는 체계적인 연구개발(R&D), 안정적인 원료·부자재 공급망, 정

교한 글로벌 물류 네트워크가 결합된 산업 생태계가 존재하며, 여기에
소비자 감수성과 소셜미디어, 유통 전략이 유기적으로 맞물리면서 '바이
럴 → 체험 → 구독·재구매'로 이어지는 선순환 구조가 현지 시장에 정
착하고 있다. 재고 운용, 가격 정책의 정밀 조정, 현지 맞춤형 유통 전략
은 이제 새로운 경쟁력으로 기능하며, K-뷰티의 확장성을 더욱 견고하게
만든다.

한편 세계 시장의 성장 궤적 역시 K-뷰티의 상승과 맞물린다. 글로벌
뷰티·퍼스널케어 시장은 중장기적으로 성장세가 이어질 것으로 예측되
며, 특히 아시아·태평양 지역의 비중 확대가 거론된다. 무엇보다 K-뷰티
의 성장 이면에는 소비자가 쉽게 인식하기 어려운 '보이지 않는 과학의
힘'이 존재한다. 의료기기 분야에서 확립된 국제표준(ISO 11137)에 근거
한 방사선 멸균의 개념과 검증 체계를 참조한 기술은, 원료와 포장재,
제조 공정용 도구의 미생물 안전성을 확보하는 데 중요한 역할을 하며
화장품 산업에서도 점차 활용 범위를 넓혀 가고 있다. 포장된 상태 그대
로 멸균이 가능하고 화학적 잔류물이 남지 않으며, 열이나 화학 처리에
민감한 포뮬러에도 안정적으로 적용할 수 있다는 점에서, 방사선 멸균
은 제품 품질과 위생 안전성을 과학적으로 뒷받침하는 기반 기술로 기
능하고 있다.

따라서 K-뷰티의 경쟁력은 '아름다움을 만드는 기술'에만 머물지 않는다.
세계 시장의 신뢰를 견인하는 근원은 소비자의 피부에 닿기 이전부터
품질과 위생을 설계하는 시스템에 있으며, 그 시스템을 구성하는 기술
옵션 가운데 하나가 방사선 기반의 미생물 제어 기술이(멸균, 살균, 바이오
버든 저감)다. 화려한 마케팅이 관심을 불러일으킨다면, 보이지 않는 과학

의 내공은 신뢰를 축적하고 재구매를 지속시키는 토대가 된다.

방사선 멸균 기술은 화장품을 포함한 소비재 영역을 넘어, 바이오산업 전반에서 무균 생산과 생명공학 혁신을 이끄는 기반 기술로도 자리 잡고 있다. 화장품이 소비자의 피부에 닿기 전, 백신이 환자의 혈관으로 주입되기 전, 그 모든 여정의 이면에는 '미생물을 얼마나 일관되게 통제했는가?'라는 질문이 존재한다. 그리고 그 질문에 답하기 위해 제조 현장은 멸균(sterility)·무균 공정 관리(aseptic processing)·오염 방지 설계를 다층적으로 결합한다.

신약 개발의 여정은 언제나 작은 가설에서 출발한다. 실험실에서 발견된 하나의 분자, 하나의 가능성은 전임상 단계에서 안전성과 약리 활성을 검증받고, 임상 1·2·3상 시험 결과 사람에게서의 안전성·유효성·재현성을 확인한 뒤 규제기관 심사를 통과해야 시판 허가에 이른다. 허가 이후에도 시판 후 감시(Post-Marketing Surveillance)를 통해 장기 안전성과 품질은 지속적으로 평가된다. 백신 개발도 항원 설계와 전임상, 임상 1·2·3상, 허가, 시판 후 감시라는 큰 틀에서 유사하며, 생산 단계에서는 '무균성'이 공정의 전 과정에 걸친 절대 기준으로 작동한다. 단 한 번의 오염은 제품 폐기, 공급 지연, 환자 안전 이슈로 직결될 수 있기 때문이다.

제조 현장의 풍경도 바뀌고 있다. 백신 및 바이오 의약품 생산 시설은 고정식 설비 중심 구조에서 벗어나, 일회용(Single-use) 배양 백과 튜빙, 필터 시스템이 결합된 '폐쇄형(Closed) 공정'을 확대하는 흐름을 보이고 있다. 이들 일회용 구성 요소들은 공정 투입 이전부터 멸균 상태로 준비되어야 하며, 생산 전 과정에서 무균 환경이 유지된다. 특히 일회용 자재 시장은 가파른 성장세를 보이고 있으며, 관련 보고서들에 따르면

2025~2030년 사이 두 자릿수 연평균 성장율을 예측하고 있다.

멸균 방식에는 고온·고압 증기 멸균, 화학 가스 멸균, 그리고 감마선·전자빔·X선을 이용한 방사선 멸균이 있다. 제약·백신 산업에서는 완제품뿐 아니라 필터, 배양백, 튜빙, 바이알, 엘라스토머 마개 등 부자재의 멸균 상태와 청정 관리가 품질을 좌우한다. 이 가운데 방사선 멸균은 다음의 특성으로 선택되는 경우가 많다.

첫째, (특히 감마선·X선의 경우) 포장 상태에서도 비교적 깊은 곳까지 에너지가 전달되어 균일한 처리 설계가 가능하다.

둘째, 화학 가스처럼 잔류 독성 문제가 원칙적으로 없고, 공정 후 별도의 장시간 탈가스(환기) 단계가 필요하지 않다.

셋째, 열에 민감한 폴리머·엘라스토머 소재에도 적용 여지가 있어, 제품 설계 자유도를 높인다. (단, 방사선 선량에 따라 폴리머 열화/가교 등 물성 변화가 발생할 수 있으므로 재질 적합성 평가가 필수다.)

여기에 더해, 용기-마개 체계(Container Closure System, CCS)는 무균성과 장기 안정성을 좌우하는 구조물이다. 바이알, 프리필드 시린지, 엘라스토머 마개로 구성된 CCS는 외부 미생물 유입을 차단하고, 내용물과의 상호작용(흡착·용출·투과)을 관리해야 한다. 따라서 규제 기관은 CCS의 재질 적합성과 멸균·청정 관리의 타당성을 중요한 심사 요소로 본다.

결국 신약과 백신의 성공은 눈에 띄는 첨단 장비만이 아니라, 보이지 않는 멸균·청정 관리 체계에 의해 좌우된다고 해도 과언이 아니다. ISO 11137 국제표준에 따라 정립된 방사선 멸균의 검증 체계는, 필요한 멸균 선량을 정하고 실제 공정에서 그 선량이 균일하게 전달되는지를 확인하며 전 과정을 관리하는 방법을 포함한다. 이러한 체계적인 관리 개념은 의료기기 분야를 넘어, 최근에는 백신과 바이오의약품 생산에 사용되는 각종 자재로까지 점차 확대 적용되고 있다. 그 결과 감마선, 전자빔, X선과 같은 다양한 방사선 멸균 기술이 각 산업 현장의 특성에 맞게 활용되며, 빠른 생산 속도와 높은 안전성을 동시에 뒷받침하는 핵심 기반으로 자리 잡고 있다.

환자에게 전달되는 마지막 순간까지 무균성을 지켜내는 이 기술은, 곧 '방사선으로 품질을 보증하는 과학'이라 할 수 있다. 방사선 멸균은 신약과 백신의 속도, 안전성, 신뢰를 동시에 끌어올리는 보이지 않는 동력으로서, 오늘날 인류의 생명을 지탱하는 가장 조용하지만 강력한 과학적 기반으로 기능하고 있다.

—

5장

시간 여행을 가능하게 하는 힘
- 방사선 고고학

이집트 미라의 나이는 어떻게 알 수 있을까?

수천 년 전 사막의 모래 속에 잠든 한 인간의 생애가 오늘날 과학자의 손끝에서 다시 숨을 쉬는 이유는 무엇일까?

그 비밀은 시간을 읽는 과학, 방사선 기반 분석에 있다. 고고학자는 땅을 파고 유물을 찾아내지만, 눈으로 보는 것만으로는 시간의 깊이를 가늠하기 어렵다. 방사선은 그 어둠 속에서 과거의 흔적을 드러내고, 잃어버린 역사의 조각들을 하나씩 맞춘다.

한 줌의 흙 속에도 시간은 잠들어 있다. 그러나 그 시간을 깨우는 것은 인간의 상상력만이 아니다. 방사선은 탄소-14 연대측정법으로 생명체가 마지막으로 대기와 탄소 교환을 멈춘 시점을 추정해 연대를 규명한다.

동시에 X선과 CT 같은 첨단 영상 기술은 미라의 뼈와 치아, 직물의 겹, 장신구의 배치처럼 '겉으로 보이지 않는 구조'를 손상 없이 보여준다. 단순히 내부를 보는 데 그치지 않고, 골절의 흔적, 질병의 징후, 방부 처리 방식, 매장 과정의 특징까지 읽어내며 한 인간의 생애와 사회적 맥락을 복원하는 단서를 제공한다. 즉 영상은 '유물의 형태'가 아니라 '유물의 이야기'를 꺼내는 도구가 된다.

또한 싱크로트론 방사광가속기는 매우 강한 X선을 이용해 미세 구조와 원소 분포를 정밀하게 분석하고, 중성자 단층 촬영은 X선과 다른 대비 특성을 바탕으로 금속 뒤에 가려진 유기물이나 수분·접착제·수지 같은 성분을 탐지하는 데 강점을 보인다. 이들 기법은 유물에 직접 손대

지 않고 내부를 들여다보게 함으로써, 고대의 기술과 예술, 그리고 인간
의 흔적을 훼손 없이 분석하고 복원하는 길을 연다. 특히 '보존'이 최우
선인 문화재 연구에서 이런 비파괴 분석은, 과학의 성과를 윤리와 책임
위에 올려놓는 결정적 기반이 된다.

이렇듯 방사선은 인류가 만들어 낸 가장 정밀한 시계이자 과거로 통
하는 창이다. 고대의 미라, 석기, 뼈, 화석에 이르기까지, 방사선은 그 안
에 새겨진 미세한 흔적을 판독하며 단순한 물리적 에너지를 넘어 오랜
역사를 규명하는 '시간 여행의 언어'가 된다. 중요한 것은 '신비?'가 아니
라 검증 가능한 증거다. 보이지 않는 내부 구조, 원소의 흔적, 동위원소
의 비율 같은 데이터가 침묵하던 유물에 다시 말할 수 있는 근거를 부여
한다.

결국 방사선 고고학은 과학과 인문학이 만나는 경계 위에서 인류의
기원을 묻고 역사의 숨결을 되살린다. 방사선은 시간을 파괴하지 않고
보존하는 힘이며, 사라진 문명을 되살려 오늘의 우리에게 말을 걸게 하
는 빛의 기록자다. 5장에서는 수천 년의 시간을 넘어 인류와 자연이 남
긴 흔적을 되살리는 방사선 고고학의 경이로운 세계와 그 과학적 원리
를 탐구하고자 한다.

파괴하지 않고 과거를 읽다

— 방사선 고고학이 밝혀낸 인류 문명의 시간

'직접 열어 보지 않고도 내부의 비밀을 밝혀낼 수 있다면 어떨까?'

이 근본적인 질문에서 오늘날의 방사선 고고학(Radiological Archaeology)은 태동하였다. 1895년 독일의 물리학자 빌헬름 콘라트 뢴트겐이 X선을 발견한 이후 불과 몇 년 만에, 과학자들은 고대 이집트의 미라를 연구 대상으로 삼기 시작하였다. 당시 박물관들은 화려한 관 속의 미라를 전시했지만, 내부를 확인하기 위해 실제로 개봉하거나 해부하는 과정에서 유물이 훼손되는 사례가 빈번하였다. 그러나 X선이라는 비가시적 전자기파를 활용하면 유물에 물리적으로 손대지 않고도 내부 구조를 관찰할 수 있음이 밝혀지면서, 인류는 비로소 과거를 파괴하지 않고도 들여다볼 수 있는 새로운 과학의 창을 얻게 되었다.

1930~1940년대에는 단순한 X선 촬영을 넘어, 유물 내부 구조를 보다 정밀하게 파악하려는 시도가 본격화되었다. 이어 1960년대 산업용 방사선 촬영 기술이 고고학 분야로 확장되면서, 청동기와 도자기 내부의 제작 흔적, 주조 결함, 수리 흔적 등을 비파괴적으로 분석하는 연구가 활발히 전개되었다.

이후 컴퓨터 단층촬영(CT) 기술의 개발은 방사선 고고학의 발전에 결정적인 전환점을 마련하였다.

CT 기술은 미라나 유물의 내부를 단면별로 영상화하여, 단순한 외형 관찰을 넘어 입체적 구조, 손상 상태, 병리적 소견까지 분석할 수 있게 하였다. 이를 통해 연구자들은 미라의 뇌와 내장 보존 상태, 골절 흔적, 치아 마모, 사망 전후의 외상 여부를 세밀하게 관찰할 수 있었으며, 고고학·인류학·의학이 융합된 새로운 연구 영역이 본격적으로 열렸다.

대표적인 사례로, 기원전 약 1323년경 나일강 인근에서 열아홉의 젊은 나이로 생을 마감한 파라오 투탕카멘(Tutankhamun)의 미스터리를 들 수 있다. 그의 사망 원인은 오랫동안 베일에 싸여 있었으나, CT 영상 분석을 통해 골절, 외상, 선천적 질환 등 다양한 가능성이 과학적으로 검토되기 시작하였다.

과거 정치적 음모나 독살설로 해석되던 가설들은 점차 영상의학과 분자생물학적 증거에 기반한 분석으로 전환되었으며, 방사선 기술은 인류가 과거의 생명과 문명에 접근하는 핵심적 통로로 자리매김하게 되었다.

CT 영상과 DNA 분석을 병행한 현대 연구는 투탕카멘의 죽음에 대해 보다 정교하고 복합적인 해석을 제시한다. 과거 두개골 내부에서 발견된 뼛조각을 근거로 '머리 타격에 의한 살해설'이 제기된 바 있으나, 고해상도 CT 분석 결과 해당 손상은 사망 이후 미라 제작 과정에서 발생한 것으로 판명되었다. 또한 무덤에서 출토된 130여 개의 지팡이와 비정상적으로 휘어진 발 구조를 근거로, 선천성 기형과 무혈성 골괴사(avascular necrosis)를 앓았을 가능성이 제시되었다.

이는 그의 보행 장애와 감염 취약성을 설명하며, 생전 건강 상태가 상당히 허약했음을 시사한다. 2005년 실시된 정밀 CT 분석에서는 좌측하지의 복합 골절 흔적이 확인되었고, 이후 DNA 분석에서는 말라리아 원충(Plasmodium falciparum) 감염의 증거가 검출되었다. 이에 따라 일부 연구자들은 다리 부상에 따른 합병증과 말라리아 감염이 복합적으로 작용해 사망에 이르렀을 가능성을 제시하였다. 다만 해당 골절이 생전 손상인지, 발굴 과정 중 발생한 것인지를 두고는 학계의 논의가 현재까지 이어지고 있다.

이처럼 투탕카멘의 사인은 단일 원인으로 단정하기 어렵고, 그의 죽음은 여전히 과학적 탐구가 진행 중인 열린 역사적 서사로 남아 있다. 오늘날에도 CT, DNA 분석, 고해상도 3차원 영상 복원 기술이 지속적으로 적용되며, 그의 생애와 죽음은 과학의 진보와 함께 새로운 관점에서 재조명되고 있다.

투탕카멘을 다룬 대중문화 역시 이러한 관심을 반영한다. 영화 「The Curse of King Tut's Tomb」(2006)은 판타지와 신화를 결합해 초자연적 서사를 강조하는 반면, 다수의 다큐멘터리는 CT·DNA·화학 분석 등 과학적 방법을 통해 그의 사망 원인을 탐구하며 역사적 사실과 신화적 상상력의 경계를 넘나든다. 이로써 투탕카멘은 한 개인을 넘어, 고고학·의학·영상과학·예술이 교차하는 다학제 연구의 상징적 존재가 되었다.

1990년대 이후에는 방사광가속기(Synchrotron Radiation), 중성자 단층 촬영(Neutron Tomography), 이동형 X선 형광분석기(XRF) 등 고에너지 물리학 기반 장비의 도입이 유물 분석의 새로운 전기를 열었다. 이러한 기술을 통해 연구자들은 유물 내부의 금속 성분, 안료의 화학 조성, 미세 구조와 변형 양상을 비파괴적으로 규명할 수 있게 되었으며, 이는 위조품 감별과 문화재 보존 처리의 과학적 근거를 마련하는 데에도 중요한 역할을 하고 있다.

2020년 Ke Xu 연구팀은 이탈리아 폼페이(Pompeii) 지역의 로마 콘크리트 시료를 대상으로, 장기간 안정성을 유지한 비결을 규명하기 위해 싱크로트론 마이크로 단층 촬영과 중성자 영상 기법을 활용하였다. 분석 결과, 시료 내부의 미세 기공 분포와 균열 형성 양상이 구조적 연결성과 밀접하게 연관되어 있음이 확인되었으며, 이는 로마 건축물의 내구성이 단순한 재료 강도가 아니라 정교한 미세 구조 설계에 기반했음을 과학적으로 입증한 성과로 평가된다.

또한 고대 이스라엘 유다 지역의 텔 엔-나스베(Tell en-Nasbeh) 유적에서 출토된 청동 팔찌에 대한 싱크로트론 분석을 통해 합금 비율과 제작 공정이 정밀하게 규명되었다. 이를 통해 당시의 제련 기술 수준과 금속 자원 조달 경로, 교역 네트워크까지 재구성할 수 있었으며, 장신구 하나가 사회·경제 구조를 해석하는 단서로 확장되는 성과를 거두었다.

현대 방사선 고고학은 이러한 과학적 기반 위에서 더욱 융합적인 형태로 발전하고 있다. 분자영상학, AI 기반 영상 판독, 뮤온(muon) 방사선 탐지 기술이 결합되면서 피라미드 내부의 미탐사 공간이나 고대인의 생활 환경까지 점차 구체적으로 복원되고 있다. 방사선 고고학은 20세기 초의 단순한 호기심에서 출발해, 21세기 인류 문명을 재구성하는 융합 과학으로 도약하였다.

한편, 고대인의 생로병사를 해석하는 것만큼 중요한 과제는 '그 흔적이 언제의 것인가?'를 정확히 밝히는 일이다. 이 시간의 비밀을 푸는 핵심 기술이 바로 탄소-14 연대측정법(radiocarbon dating)이다. 이 방법은 1940년대 미국의 화학자 윌라드 리비(Willard F. Libby)에 의해 체계화되었으며, 그는 이 공로로 1960년 노벨화학상을 수상하였다. 탄소-14 연대측정법의 확립은 고고학과 인류학 연구에서 추정과 추측에 의존하던 상대 연대 개념을 넘어, 과학적 수치에 기반한 절대 연대 규명을 가능하게 하며 학문적 패러다임을 근본적으로 전환시킨 혁신으로 평가된다.

탄소-14 연대측정의 원리는, 대기 상층에서 우주선이 질소 원자와 충돌하면서 생성되는 방사성 동위원소 탄소-14가 대기 중 탄소 순환을 통해 생물체에 흡수되고, 생물이 살아 있는 동안에는 환경과의 교환을 통해 일정한 비율로 체내에 유지된다는 사실에 기반한다.

식물은 광합성을 통해, 동물과 인간은 먹이사슬을 통해 탄소-14를 지속적으로 흡수하지만, 생명 활동이 멈추는 순간부터 더 이상 외부 공급은 중단되고 체내에 남은 탄소-14는 반감기 약 5730년에 따라 점진적으로 붕괴한다. 시료에 잔존한 탄소-14의 양과 안정 탄소의 비율을 정밀 측정함으로써, 유기물이 언제 생명을 마감했는지를 계산할 수 있다.

이 방법은 뼈, 목재, 숯, 섬유, 가죽 등 유기물에 적용 가능하며, 일반적으로 약 수백 년 전부터 최대 약 5만 년 전까지의 연대 측정에 적합하다. 다만 적용에는 분명한 한계도 존재한다. 5만 년을 넘어가면 잔존 탄소-14의 양이 극히 미미해져 측정 오차가 급격히 커지며, 최근 수백 년 이내의 시료는 산업혁명 이후 화석연료 사용으로 인한 대기 중 탄소 희석 효과(Suess effect)와 20세기 중반 핵실험으로 인한 탄소-14 농도 급증(bomb effect)을 반드시 보정해야 한다.

이러한 한계를 극복하기 위해 현대 고고학에서는 가속기 질량분석기(AMS, Accelerator Mass Spectrometry)를 활용한 고정밀 측정과 함께, 연륜연대학(dendrochronology), 빙핵 분석, 해양 퇴적물 자료 등을 결합한 보정 곡선(calibration curve)을 사용한다. 이를 통해 탄소-14 연대 측정은 단순한 계산 기법을 넘어, 다양한 자연 기록과 결합된 종합적 시간 해석 도구로 발전하였다.

결국 탄소-14 연대측정법은 과거를 '추정'하던 시대에서 '측정'하는 시대로 인류를 이끈 과학적 전환점이라 할 수 있다. 이 기술은 단순히 연대를 산출하는 방법이 아니라, 인간과 자연, 생명과 우주가 하나의 시간 질서 속에서 연결되어 있음을 보여주는 과학적 언어로서, 오늘날에도 고고학과 진화인류학 연구의 핵심 기반으로 기능하고 있다.

실제로 이집트 미라와 유럽 신석기 유적 등 수많은 사례가 이 방법을 통해 과학적으로 재검증되었다. 2017년 리 샤르댕(Richardin) 연구팀이 리옹 박물관 소장 미라 두상 33점을 분석한 결과, 기존 기록과 연대 측정 결과가 불일치하는 사례가 다수 발견되어 분류 체계가 수정되기도 했다.

영국의 스톤헨지(Stonehenge) 역시 방사성 탄소 연대측정을 통해 그 건설 시기가 명확히 규명되었다. 알렉스 베일리스(Alex Bayliss) 박사 연구팀은 현장에서 출토된 유골과 유기물 시료를 정밀 분석하여, 초기의 목책 구조는 기원전 약 3000년경, 거석이 세워진 본격적인 건설은 기원전 약 2500년경에 이루어졌음을 입증하였다. 이는 스톤헨지가 단순한 묘역이 아니라, 고도의 조직력과 기술력을 갖춘 신석기 사회의 의례·천문 관측 중심지였음을 과학적으로 입증한 결과다.

결과적으로 방사선 기반 연대측정과 영상 분석 기술은 단순히 제작 시점을 밝히는 도구를 넘어, 역사 서술의 객관성을 검증하고 인류 문명의 시간적 맥락을 재구성하는 가장 강력한 과학적 증거 체계로서의 가치를 지닌다.

화석 속에 새겨진 비밀

- 진화의 흔적

고고학자와 과학자들은 뼈와 화석을 종종 '말없는 중언자'라 부른다. 이들은 소리를 내지 않지만, 수천 년에서 수백만 년에 이르는 세월을 견뎌 온 생명의 흔적 속에는 당시의 환경, 질병, 생활 양식이 정교하게 각인되어 있다. 이러한 미세한 정보를 인간의 눈으로 직접 확인할 수 있도록 만든 열쇠가 바로 방사선 기술이다.

방사선은 인류의 역사적 흔적을 규명하는 데 그치지 않고, 지구 생명의 진화사를 규명하는 데에도 결정적인 역할을 수행해 왔다.

1903년, 영국의 해부학자 그라프턴 엘리엇 스미스(G. Elliot Smith)는 인류 역사상 최초로 고대 이집트 미라 연구에 X선을 체계적으로 적용하였다. 그는 미라의 골격에서 골절과 관절염의 흔적을 확인함으로써, 고대인 역시 현대인과 마찬가지로 노화와 만성 질환을 경험했음을 과학적으로 입증하였다. 이 연구는 유물을 단순히 전시·분류하는 단계를 넘어, 과거 인간의 신체 조건과 삶의 질을 분석하는 인류학적 연구의 새로운 지평을 열었다.

이후 방사선 고고학 영상 기술은 급속히 발전하였다. 2012~2014년경, 이집트 학자이자 전 이집트 유물부 장관이었던 자히 하와스(Zahi

Hawass)가 주도한 국제 연구진은 파라오 세케넨레 타오 2세(Seqenenre Tao II, 기원전 약 1555년)의 미라를 고해상도 CT로 분석하였다. 그 결과 두 개골과 안면부에 집중된 다수의 날카로운 외상 흔적과 급박한 방부 처리의 흔적이 확인되었으며, 이는 그가 전쟁 중 근접전에서 사망했을 가능성을 강하게 시시한다. 이 연구는 고대 이집트 만기 정치·군사적 격변기를 과학적 증거로 복원한 사례로 평가되며, 뼈가 단순한 생물학적 구조물이 아니라 폭력과 권력, 사회적 충돌을 기록한 '시간의 문서'임을 명확히 보여주었다.

한편 방사선 기술은 인간의 역사 연구를 넘어 생명의 기원을 탐구하는 핵심 도구로 확장되었다. 2009년, 미국 시카고대학교의 닐 슈빈(Neil Shubin) 연구팀은 데본기(약 3억 7천만 년 전) 어류 화석 틱타알릭(Tiktaalik roseae)을 CT로 분석하였다.

그 결과, 지느러미 내부에서 손목뼈(carpal bone)에 해당하는 구조가 확

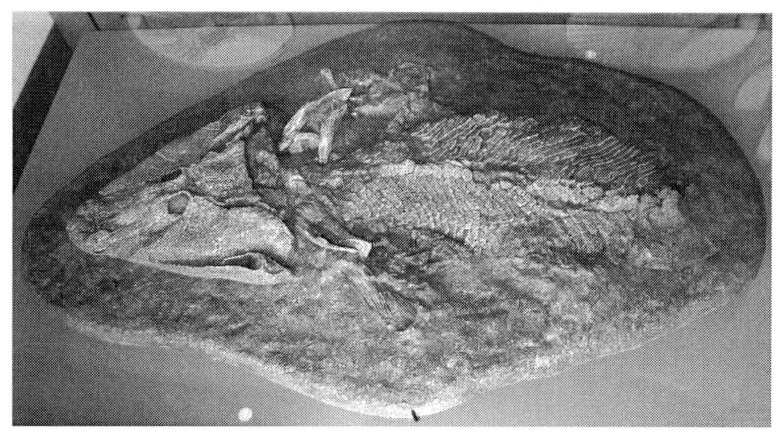

*자료 : 틱타알릭(Tiktaalik) 화석 - 출처: 위키백과

인되었으며, 이는 어류에서 양서류로의 진화 과정에서 육상 보행의 해부학적 기반이 이미 형성되었음을 보여주는 결정적 증거로 받아들여졌다.

이 발견은 진화가 단절이 아닌 연속적 전이의 과정임을 명확히 입증한 사례다.

2011년 독일 막스플랑크 진화인류학연구소(Max Planck Institute for Evolutionary Anthropology)의 요하네스 크라우제(Johannes Krause) 연구팀은 네안데르탈인의 치아 화석을 대상으로 마이크로 CT 영상 분석과 고해상도 고대 DNA(aDNA) 분석을 병행한 정밀 연구를 수행하였다. 연구진은 치아 법랑질에 남아 있는 성장선(enamel growth lines)을 통해 네안데르탈인의 성장 속도와 발달 양상을 복원하였고, 동시에 미토콘드리아 및 핵 유전체 분석을 통해 현생 인류(Homo sapiens)와의 유전적 관계를 비교하였다. 그 결과, 네안데르탈인과 현생 인류 사이에 제한적이지만 명확한 유전적 교배(admixture)가 있었음이 확인되었으며, 오늘날 비아프리카 지역 인류의 유전체에는 약 1~4% 정도의 네안데르탈인 기원 유전자가 포함되어 있다는 사실이 과학적으로 입증되었다.

이 발견은 인류 진화가 하나의 직선적 계보를 따라 진행된 과정이 아니라, 서로 다른 인류 집단들이 수만 년에 걸쳐 이동·접촉·혼합을 반복하며 형성된 복합적 진화의 역사임을 보여주는 결정적 증거로 평가된다. 특히 이는 네안데르탈인이 단순히 '멸종된 인류'가 아니라, 현대 인류의 생물학적·유전적 정체성 형성에 실제로 기여한 진화적 동반자였음을 시사한다.

이어 2018년, 중국의 고생물학자 주 민(Min Zhu) 연구팀은 약 4억 1천만 년 전 실루리아기-데본기 전환기에 해당하는 초기 어류 화석을 대상으로 싱크로트론 방사광 기반의 고해상도 영상 분석을 수행하였다. 연구진은 화석에 손상을 가하지 않은 채 턱뼈 구조와 중이(中耳)에 해당하는 미세 골격 요소의 형태와 배열 변화를 정밀하게 재구성한 결과 청각 기관이 단순한 균형 감각 기관에서 점차 음향 진동을 감지하는 방향으로 기능적 분화를 이루어 왔음을 밝혀냈다. 이러한 결과는 턱을 지닌 초기 척추동물의 출현이 먹이 섭취 방식의 변화뿐 아니라, 감각 체계(특히 청각 기능)의 진화와 밀접하게 연관되어 있음을 시사한다.

이 연구는 방사선 영상 기술이 단순히 형태적 유사성을 비교하는 수준을 넘어, 감각 기관의 기능적 진화와 생태적 적응 과정을 복원할 수 있는 강력한 도구임을 입증한 사례로 평가된다. 나아가 어류에서 양서류, 그리고 육상 척추동물로 이어지는 진화 과정에서 청각 체계가 어떻게 환경 변화에 적응해 왔는지를 이해하는 데 핵심적인 단서를 제공한다.

인간은 본질적으로 시간을 되돌아보려는 존재이다. 고고학자는 땅속에 묻힌 잔해를 통해 사라진 삶을 복원하고, 역사학자는 파편화된 기록 속에서 인간 존재의 의미를 탐색한다. 그리고 방사선 과학자는 눈에 보이지 않는 세계를 물리적 증거로 가시화함으로써, 해석 가능한 데이터로 전환한다. 학문적 언어는 다르지만, 이 모든 시도는 '우리는 어디에서 왔는가?'라는 인류의 근원적 질문을 향해 수렴된다.

방사선은 눈에는 보이지 않지만, 물질 내부에 새겨진 시간의 흔적을 비추는 빛이다. 고고학자가 손에 쥔 뼈와 파편은 침묵 속에 머물러 있으나, 그 내부에는 수천 년의 정보가 응축되어 있다. 방사선 기술은 이 침묵을 해독하여 과거에 언어를 부여한다. 예컨대 투탕카멘의 CT 영상에서 확인된 골절 흔적은 단순한 외상이 아니라, 한 개인의 질병·생활 조건·의학적 환경을 반영하는 동시에 고대 이집트 사회의 정치·의학·세계관을 비추는 역사적 거울이다.

역사학자는 이러한 과학적 발견 속에서 시간의 새로운 구조를 읽어낸다. 탄소-14 연대측정법은 단순히 연대를 계산하는 기술이 아니라, 모든 생명체가 우주 방사선과 물질 순환 속에 연결되어 있음을 보여주는 과학적 언어다. 생명은 죽음 이후에도 붕괴를 지속하며, 그 붕괴의 속도가 곧 시간의 척도가 된다. 이 물리적 사실은 인문학적 사유와 결합될 때, 인간 존재가 지닌 유한성과 연속성의 역설을 드러낸다.

방사선 과학자의 관점에서 볼 때, 이러한 시간의 복원은 기술적 진보를 넘어 '존재의 투명화'에 가깝다. 뼈의 미세한 균열과 화석 내부의 입자 배열 속에는 수백만 년의 에너지와 사건이 응축되어 있으며, X선과 싱크로트론 방사광은 그 내부를 비추어 생명과 시간의 층위를 3차원적으로 복원한다. 과학이 드러내는 것은 단순한 구조가 아니라, 존재의 흔적 속에 내재된 질서다.

이 지점에서 고고학과 방사선 과학은 다시 인문학의 영역으로 귀환한다. 뼈와 화석은 물질이지만, 그것을 해석하는 행위는 철저히 인간의 사유에 속한다. 방사선이 과거를 비추는 순간, 우리는 사실을 복원하는 데서 멈추지 않고 기억의 의미를 재구성한다.

투명하게 드러난 미라의 두개골과 화석의 단층 영상은 모두 한때 존재했던 생명의 이야기이며, 인간이 그것을 읽어낼 때 비로소 시간은 현재 속에서 부활한다.

따라서 '우리는 왜 과거를 복원하려 하는가?'라는 질문에 대한 답은 분명하다. 과거를 이해함으로써 현재를 성찰하고, 미래를 준비하기 위함이다.

방사선 기술은 단순한 분석 수단이 아니라 문명적 자각의 장치이며, 스톤헨지의 거석을 측정하는 행위는 연대 계산을 넘어, 인간이 시간과 우주의 질서를 이해하려 했던 정신적 열망을 복원하는 과정이다.

이처럼 방사선은 과거를 보이게 하는 과학이자, 인간의 기억과 존재를 이해하게 하는 인문학의 빛이다. 그 빛은 유물을 파괴하지 않고, 그 속에 잠든 시간을 깨운다.

고고학자는 그 빛으로 역사를 재구성하고, 역사학자는 그 빛으로 인간의 이야기를 다시 쓴다. 그리고 방사선 과학자는 그 빛의 원리를 통해, 시간이 단절된 흐름이 아니라 연속적 구조임을 증명한다.

시간은 흐르되 사라지지 않는다.

방사선의 빛이 닿는 한, 과거는 여전히 현재 속에서 살아 숨 쉬고 있다.

이것이 과학과 인문학이 함께 밝혀낸, '인류의 시간 여행이란 무엇인가?'라는 질문에 대한 하나의 성숙한 해답이다.

6장

진실을 밝히는 힘
- 과학수사와 방사선

현대의 과학수사는 더 이상 탐정의 직감이나 우연한 발견에 의존하지 않는다. 범죄 현장에 남겨진 미세한 흔적을 찾아내고, 그 안에 숨겨진 사실을 논리적으로 재구성하는 일은 이제 첨단 과학의 영역에 속한다. 이 과정의 중심에는 눈에 보이지 않는 정보를 가시화하는 기술, 즉 방사선 과학이 자리하고 있다. 총알 파편에 남은 미세한 변형, 의문의 사체 내부에 기록된 손상 흔적, 불에 탄 유골의 구조, 세월 속에 봉인된 문서와 예술품에 이르기까지 방사선은 대상에 물리적 손상을 가하지 않은 채 내부를 관찰함으로써 증거의 진위를 판별하고 사건의 전말을 과학적으로 복원한다.

대중에게 익숙한 드라마 '과학수사대(Crime Scene Investigation, CSI)' 속에 보이지 않는 단서의 열쇠는 단순한 허구적 연출에 그치지 않는다. 실제 수사 현장에서는 법의학과 방사선공학이 결합된 법영상진단학, 즉 법방사선학(Forensic Radiology)이 핵심 수단으로 활용되고 있다.

X선이나 컴퓨터단층촬영(CT)를 이용한 3차원 영상 재구성 기술은 사망 원인을 규명하고 외상과 폭력의 흔적을 객관적으로 기록하는 데 사용되며, 그 결과는 감정서 형태로 정리되어 법정에서 과학적 증거로 제시된다. 이때 방사선 영상은 해석자의 주관을 최소화한 시각적·정량적 자료라는 점에서 높은 신뢰도를 지닌다.

특히 CT 기반의 법의학 영상 분석은 사체를 절개하지 않고도 골절의 형태와 방향, 출혈의 분포, 내부 장기의 손상 정도를 정밀하게 파악할 수 있게 한다. 이를 통해 총상, 둔상, 추락사, 질식사 등 다양한 사인을 상호 비교·감별할 수 있으며, 총알이나 금속 파편의 위치와 이동 경로 역시 3차원적으로 추적할 수 있다. 이러한 분석은 부검 이전의 예비 평가로 활용되거나, 종교적·문화적 이유로 침습적 부검이 어려운 경우 중요한 대안적 수단으로 기능한다.

이와 같은 비침습적 영상 기반 조사는 수사의 정확도를 제고하는 동시에, 사망자의 신체적 존엄성과 유가족의 종교적·정서적 부담을 존중하는 조사 방식이라는 점에서 현대 법의학의 새로운 표준으로 평가받고 있다. 실제로 유럽과 북미를 중심으로 '가상 부검(virtual autopsy)'이라는 개념이 확산되면서, 법방사선학은 전통적 해부 부검을 대체하거나 보완하는 핵심 기술로 자리 잡았다. 가상 부검은 영상 데이터를 디지털 형태로 보존·재현할 수 있어 반복 분석과 제3자 검증이 가능하다는 장점을 지니며, 법정 증거로서의 객관성과 재현성을 동시에 확보할 수 있다. 이러한 특성은 부검 결과에 대한 사회적 신뢰를 높이고, 법의학적 판단 과정의 투명성을 강화하는 데에도 기여한다.

방사선은 단순히 형체를 드러내는 빛이 아니라, 증거를 논리로 번역하고 사실을 과학적으로 입증하는 하나의 분석 언어다. 나아가 그것은 인간이 정의와 진실을 향해 나아가는 과정에서 가장 투명하고 재현 가능한 도구임을 분명히 보여준다.

6장에서는 과학수사 현장에서 방사선 기술이 어떻게 진실을 드러내는 도구로 작동하는지, 그리고 대중 매체 속 장면들이 실제 과학적 원리와 어느 지점에서 맞닿아 있는지를 살펴보고자 한다.

CSI 속 과학, 실제로 가능한가?

TV 드라마 CSI 시리즈는 범죄 수사를 다룬 수많은 작품 가운데서도 독특한 위치를 차지한다. 이 작품이 시청자에게 강렬한 인상을 남긴 이유는 범죄의 자극성이나 반전의 속도감 때문이 아니라, 과학이라는 언어로 정의를 말하려는 태도에 있다. 형광등 아래에서 반짝이는 실험 장비, 차갑게 놓인 시신 위를 가로지르는 조사선, 그리고 '증거는 결코 거짓말 하지 않는다(Evidence never lies)'라는 반복되는 신념은 과학이 단순한 기술을 넘어 판단의 기준이자 윤리적 토대가 될 수 있음을 상기시킨다.

CSI 세계에서 진실은 언제나 표면 아래에 숨어 있다. 범죄자는 흔적을 지우려 하고, 시간은 기억을 마모시키며, 인간의 증언은 본질적으로 불완전하다. 이러한 조건 속에서 수사는 개인의 직관이나 감정이 아니라, 재현이 가능하고 검증이 가능한 정확성, 다시 말해 과학의 시선을 요구한다. 그리고 그 시선의 중심에 놓인 기술 가운데 하나가 방사선이다. 방사선은 만질 수 없고, 눈으로 볼 수도 없으며, 냄새나 촉감도 없다. 그러나 바로 그 비가시성 덕분에 물질의 내부로 침투하여 인간의 감각이 닿지 못하는 영역에서 구조적 진실을 드러낸다.

범죄 현장은 언제나 불완전한 진실의 공간이다. 총성이 울린 순간은 지나가고, 혈흔은 마르며, 시신은 시간의 영향을 받는다. 그러나 방사선 영상은 이러한 변화 속에서도 사라지지 않는 물리적 흔적을 포착한다. 법의학에서 가장 오래되고 기본적인 도구인 X선은 피부 아래의 골격 구조, 금속 파편, 총탄이나 칼날의 잔해를 기록한다. 한 장의 X선 영상에는 단순한 골절 여부를 넘어, 외력의 방향, 충격의 형태, 방어 반응의 가능성 등 사건 해석에 필요한 정보가 응축되어 있다. 이는 단순한 이미지라기보다 사건의 물리적 기록에 가깝다.

컴퓨터단층촬영 영상은 이러한 기록을 한 단계 확장시킨다. 2차원 영상의 중첩을 넘어 인체를 미세한 단층으로 분해하고 이를 3차원으로 재구성함으로써, 손상의 위치와 깊이, 경로를 입체적으로 분석할 수 있게 한다. 토마 콜라르(Thomas Colard) 등(2013)의 총상 시신 CT 분석 연구와 마호니(Mahoney) 등(2018)의 군사 교전 사례 연구는, CT 영상이 단순한 의학적 손상 확인을 넘어 사망에 이르는 물리적 과정을 재구성하는 핵심 도구로 기능할 수 있음을 입증한 대표적 사례다. 콜라르 연구팀은 총탄의 진입·관통·이탈 경로를 3차원 CT 영상으로 추적함으로써, 총구와 신체의 상대적 위치, 발사 거리, 사격 방향을 객관적으로 분석할 수 있음을 제시하였다. 이는 연부 조직 손상이나 사후 변형으로 인해 육안 부검만으로는 판단이 어려운 총상 사건에서, 외력의 작용 기전과 사망 경위를 과학적으로 복원하는 데 결정적인 근거를 제공한다.

이러한 연구들은 방사선 영상이 더 이상 부검 결과를 보조하는 참고 자료에 머무르지 않고, 사건의 시간적·공간적 전개를 논증하는 법의학적 '언어'로 기능함을 분명히 보여준다. 즉 CT 영상은 사인의 판단 과정에서 하나의 독립된 증거 체계를 형성하며, 법의학적 판단을 구성하는 중심 자료로 작동하게 된 것이다.

CT와 MRI로 획득한 영상 데이터를 바탕으로 사체를 절개하지 않고도 사인을 분석하는 이 방식은 기술적 진보이자 윤리적 전환점이다. 종교적·문화적 이유로 침습적 부검이 제한되는 상황에서도 객관적 사인 규명을 가능하게 하며, 사망자의 신체적 존엄성을 존중하는 조사 방식으로 평가받고 있다. 이는 과학이 효율성뿐 아니라 사회적·윤리적 요구를 함께 내면화해 온 과정이라 할 수 있다.

방사선의 역할은 인체 분석에만 국한되지 않는다. 고에너지 X선이나 감마선 스캐너는 밀폐된 화물 컨테이너 내부의 무기나 폭발물을 비파괴적으로 탐지하며, 감마선 분광법은 방사성동위원소의 에너지 스펙트럼을 분석해 물질의 성분과 출처를 추적한다. 테러 대응이나 산업재해 수사에서 방사선은 눈에 보이지 않는 위험을 가시화하는 국가 안전의 과학적 언어로 활용된다.

보다 미시적인 영역에서는 방사성 추적자 기술과 핵의학 영상이 법의학적 해석에 활용된다. PET 검사 영상과 같은 핵의학 검사 기법은 특정 방사성 표지 물질이 인체 내에서 어떻게 분포하고 대사되는지를 추적함으로써, 사망 직전 또는 사망 과정에서 발생한 생리적·분자적 변화를 시각화한다. 이는 외상 흔적이 뚜렷하지 않거나 사후 변화로 육안적 판단이 제한되는 경우에도, 장기 기능 이상이나 대사 상태의 변화를 비교적 객관적으로 평가할 수 있는 단서를 제공한다.

특히 PET 영상은 뇌의 포도당 대사, 신경전달계 활성, 장기별 혈류 변화를 정량적 수치로 제시할 수 있어서 약물 중독, 독성 물질 노출, 저산소증, 급성 대사 이상과 같은 사망 기여 요인을 통계적 추정이 아닌 영상 기반의 증거로 분석하게 한다. 이러한 접근은 '어떻게 사망했는가?'라는 외형적 질문을 넘어 '어떤 생리적 경로가 사망에 결정적으로 작용했는가?'라는 인과적 해석을 가능하게 한다.

이로써 방사성 추적자 기술은 법의학을 단순한 손상 판별의 학문에서 인간 생리와 환경·물질 노출의 상호작용을 해석하는 정밀 과학으로 확장시키며, 핵의학 영상은 사망 원인 규명의 보조 수단을 넘어 병태생리적 진실을 드러내는 중요한 분석 도구로 자리매김하고 있다.

물론 CSI는 현실보다 과장된 측면을 지닌다. 몇 분 만에 DNA 분석 결과가 도출되고 즉시 범인이 특정되는 장면은 실제 수사와 거리가 있다. 그러나 이는 속도의 차이일 뿐, 과학적 접근이라는 본질의 차이는 아니다. 현실의 과학수사는 훨씬 더 느리고 반복적이며, 긴 침묵 속에서 진행된다. 방사선 기술은 이 과정에서 인간의 눈이 닿지 못하는 영역을 묵묵히 비춘다. 한 장의 X선, 한 컷의 CT, 하나의 동위원소 비율 데이터는 모두 보이지 않는 진실의 단서이며, 이 단서들이 축적되어 사건의 실체를 구성한다.

이러한 역할은 실제 사례에서도 확인된다. 신원 미상의 백골 사체가 CT 영상 속 치과 보철물 구조를 통해 신원이 확인되고, 대형 재난 현장에서 동위원소 분석을 통해 사망자의 생활권이나 노출 환경이 추정되며, 원전 사고 이후 방사선 분광 분석으로 피폭의 시간적·공간적 분포가 재구성되었다. 이 모든 과정에서 방사선은 단순한 측정 수단을 넘어 침묵한 존재를 다시 사회적 기록 속으로 복귀시키는 매개자로 기능한다.

과학수사의 궁극적 목적은 범인을 특정하는 데만 있지 않다. 그것은 진실이 사라지지 않는 사회를 유지하는 일이다. 방사선은 그 목적을 가능하게 하는 가장 투명한 기술이며, 인간이 어둠과 마주했을 때 선택해 온 가장 정직한 빛이라 할 수 있다.

흥미롭게도 동일한 X선 영상 분석 기술은 법정을 넘어 박물관과 미술관에서도 폭넓게 활용된다. 회화 작품의 내부 구조를 분석하거나 표면 아래 감춰진 덧칠과 수정 흔적을 확인하는 데 X선 영상이 사용되며, 이를 통해 작품의 진위 판단과 복원 방향이 과학적으로 결정된다. 이 과정에서 방사선은 단순한 분석 수단을 넘어, 예술 작품이 지닌 시간의 층위를 해독하는 핵심 언어로 기능한다.

대표적인 사례로 프랑스 루브르 박물관에서 수행된 〈모나리자〉의 X선 분석을 들 수 있다. 이 연구는 2004년부터 2006년까지 루브르 박물관 보존과학연구소(C2RMF, Centre de Recherche et de Restauration des Musées de France)가 주도하여 진행되었으며, X선 투과 영상(X-radiography), X선 형광 분석(XRF), 적외선 반사촬영(IRR) 등 다중 비파괴 분석 기법이 종합적으로 적용되었다.

그 결과 연구진은 레오나르도 다빈치가 이 작품을 단번에 완성한 것이 아니라, 인물의 얼굴과 손, 의복의 윤곽을 중심으로 수차례 수정과 덧칠을 반복하며 장기간에 걸쳐 점진적으로 구도를 완성했음을 확인하였다. 특히 X선 형광 분석을 통해 안료 층의 화학적 조성이 미세하게 달라지는 구간들이 확인되었는데, 이는 화가가 명암의 농도와 입체감을 조절하기 위해 안료를 의도적으로 축적·조정해 나갔음을 보여주는 물질적 증거로 해석된다.

이러한 분석은 '스푸마토(sfumato)' 기법이 단순히 윤곽을 흐리게 처리하는 회화적 효과가 아니라, 형태의 경계를 명확히 규정하지 않기 위해 극히 얇은 안료층을 반복적으로 중첩하고, 내부 구조를 지속적으로 조정하는 고도의 실험적 제작 과정이었음을 과학적으로 입증하였다. 스푸마토는 이탈리아어 'sfumare(연기처럼 사라지다)'에서 유래한 기법으로, 명암과 색조를 점진적으로 변화시켜 인물의 표정과 입체감을 자연스럽게 구현하는 데 핵심적인 역할을 한다.

X선 투과 영상과 X선 형광 분석을 통해 드러난 안료 분포와 층위 구조는 레오나르도 다빈치가 안료의 농도, 입자 크기, 층 두께를 미세하게 달리하며 장기간에 걸쳐 수정과 축적을 반복했음을 명확히 보여준다. 이는 스푸마토가 직관적 감각의 산물이 아니라, 광학적 관찰과 물질 실험에 기반한 체계적 제작 방법론이었음을 시사한다.

더 나아가 이러한 발견은 〈모나리자〉의 미학을 단순한 감상적 신비의 영역에서 벗어나 기술적·과학적 사고가 결합된 제작 시스템의 결과물로 재해석하게 했다.

동시에 복원 과정에서도 표면을 과도하게 정리하거나 후대의 바니시를 일괄 제거해서는 안 되며, 안료층 사이의 미세한 경계와 그로 인해 형성되는 광학적 효과 자체가 작품의 본질임을 존중해야 한다는 중요한 보존 원칙에 대한 과학적 근거를 제공했다.

네덜란드 암스테르담 국립미술관에서 이루어진 렘브란트의 1642년 작 〈야경〉(The Night Watch)에 대한 X선 조사는 작품 해석의 중요한 전환점을 제시한다. 이 조사는 2019년부터 시작된 '오퍼레이션 나이트 워치(Operation Night Watch)' 프로젝트의 일환으로, 국립미술관 보존·연구팀이 네덜란드 문화유산청(RCE) 및 델프트 공과대학교(TU Delft) 등과 협력하여 주도했다.

고해상도 X선 촬영(X-radiography)과 다중 분광 영상 분석 결과, 현재의 화면 구도 바깥에 더 넓은 공간과 추가 인물, 그리고 군중의 움직임을 암시하는 세부 요소들이 존재했음이 확인되었다. 이는 18세기 초, 작품이 암스테르담 시청으로 이전되는 과정에서 벽면에 맞추기 위해 좌우와 상단 일부가 물리적으로 재단되었음을 과학적으로 입증하는 결과였다.

또한 X선 분석과 안료 조성 연구를 통해, 작품이 처음부터 오늘날처럼 어둡고 무거운 분위기로 의도된 것이 아니라, 시간이 흐르며 반복적으로 덧입혀진 바니시의 황변과 표면 오염, 그리고 빛에 의한 안료 변화로 인해 점차 명암 대비가 왜곡되었음이 밝혀졌다. 즉 '야경'이라는 인상은 렘브란트의 본래 의도라기보다 후대의 물리적 손상과 화학적 변화가 누적된 결과였던 셈이다.

이러한 분석을 바탕으로 복원팀은 색조와 명암을 인위적으로 강화하기보다, 원작의 공간감과 인물 간 역동성을 회복하는 방향으로 보존·복원 전략을 수정했다. 더 나아가 이 연구는 작품 해석 자체에도 변화를 가져와, 〈야경〉이 '어두운 야간 장면'이 아니라 빛과 움직임이 강조된 집단 초상화였음을 재조명하게 만들었다

또한 벨기에 겐트의 성 바보 대성당(Sint-Baafskathedraal)에 보존 중인 〈겐트 제단화〉(Ghent Altarpiece)에 대한 X선 및 적외선 조사는 방사선 기술이 미술사 연구와 보존 과학에서 지니는 가치를 극명하게 보여주는 대표적 사례다.

이 조사는 2012년부터 2020년까지 진행된 대규모 복원 프로젝트의 일환으로, 벨기에 왕립 문화유산연구소가 주도하고, 겐트대학교와 국제 보존과학 연구진이 협력하여 수행했다.

고해상도 X선 투과 촬영(X-radiography)과 적외선 반사 촬영(IRR) 분석 결과, 제단화 중심부에 위치한 신비한 어린 양의 얼굴이 16세기 이후 여러 차례 덧칠되면서 원래의 표현이 가려졌음이 확인되었다. 방사선 영상은 얀 반 에이크 형제가 의도한 초기 양상이 오늘날 알려진 모습과 상당히 다르며, 정면을 응시하는 인간적인 눈매와 강한 시선을 지녔음을 명확히 드러냈다.

이 발견은 단순한 미적 수정의 문제가 아니라, 시대에 따라 변화한 신학적 해석과 종교적 감수성이 작품에 물리적으로 개입해 왔음을 보여주는 결정적 증거로 해석된다. 특히 후기 중세와 근세에 걸쳐, 보다 온화하고 상징적인 이미지가 선호되면서 원래의 강렬한 표현이 점진적으로 '완화'되었음이 과학적으로 입증되었다는 점에서 그 의미가 크다.

복원 과정에서 연구진은 X선과 적외선 분석을 근거로, 원작 안료층을 최대한 존중하는 방향으로 후대의 덧칠을 단계적으로 제거하였다. 그 결과, 얀 반 에이크 특유의 세밀한 붓질과 상징성이 복원되었으며, 이는 초기 네덜란드 회화의 사실성·신학적 긴장감·시각적 혁신을 재평가하는 중요한 계기가 되었다. 이 사례는 방사선 기반 비파괴 분석이 단순한 기술적 보조 수단을 넘어 중세 회화 해석과 복원 윤리에 새로운 학술적 기준을 제시할 수 있음을 보여준다.

이처럼 X선을 이용한 미술 작품 분석은 단순히 '숨겨진 그림을 본다'는 차원을 넘어 예술가의 제작 과정, 후대의 개입, 그리고 작품이 지나온 역사적 시간을 입체적으로 복원한다. 이때 방사선은 범죄를 밝히는 도구이자, 예술의 기억을 되살리는 도구로 작동한다. 캔버스 아래 잠들어 있던 흔적들은 X선이라는 비가시적 빛을 통해 다시 발언권을 얻고,

침묵하던 작품은 자신의 진실을 스스로 증언한다.

결국 방사선이 드러내는 것은 단순한 사실의 나열이 아니라, 사실들이 서로 연결되어 형성하는 '진실의 구조'이다. 그것은 물질을 투과하는 빛이면서 동시에 인간의 판단과 해석, 나아가 문화적 윤리를 투과하는 빛이다. 말할 수 없는 존재를 대신해 말하고, 잊힐 뻔한 흔적을 다시 사회적 의미 속으로 불러오는 힘, 그 지점에서 방사선은 과학의 도구를 넘어 예술과 기억을 복원하는 정의의 언어로 기능한다.

범죄 현장에서 쓰이는
방사선 탐지 기술

범죄와 방사선을 함께 떠올릴 때 가장 먼저 연상되는 장면은 공항과 항만의 X선 검색 시스템이다. 이 기술은 여행자의 수하물과 대형 화물 내부에 은닉된 마약, 무기, 밀수품을 비파괴적 방식으로 탐지할 수 있는 장치로서, 오늘날 국가 안보의 최전선에서 불법 물품 유입을 차단하는 과학적 방어선으로 기능하고 있다.

공항 검색대 X레이 보안 검색 사진

2025년 4월 어느 날 밤, 김포국제공항 세관 검색대에서는 네덜란드에서 프랑스와 일본을 경유해 입국한 한 중국인 여행객의 수하물에서 비정상적인 X선 영상 패턴이 포착되었다. 일반적인 개인 소지품과는 다른 고밀도 구조가 영상에서 확인되었고, 세관원은 즉시 위험 평가 절차를 강화하여 AI 기반 판독 보조 시스템과 동선 분석을 병행하였다. 정밀 검사를 위해 가방을 개봉한 결과, 이중으로 위장 포장된 흰색 결정체가 발견되었으며, 성분 분석을 통해 케타민으로 확인되었다. 그 양은 약 24kg으로, 최대 80만 명이 동시에 투약할 수 있는 규모에 달했다. 이후 디지털 포렌식과 국제 공조 수사를 통해 해당 인물이 국제 마약 밀수 조직과 연계되어 있음이 확인되었고, 현장에서 즉각 검거가 이루어졌다. 한 장의 X선 영상이 대량의 불법 마약 유입을 국경 단계에서 차단한 사례라 할 수 있다.

이러한 검거 성과의 배경에는 AI 기반 X선 판독 기술과 지능형 위험 선별 체계의 도입이 자리하고 있다. AI 판독 시스템은 검사관의 경험과 판단을 대체하기보다는 보조하는 역할을 수행하며, 반복 학습을 통해 은닉 패턴과 비정상적 밀도 분포를 빠르게 식별한다. 여러 국가의 세관 시범 운영 결과에 따르면, X선 검색 시스템은 의심 화물 선별의 효율을 높이고 판독 소요 시간을 단축하는 데 기여한 것으로 보고되고 있다. 특히 대형 화물이나 복잡한 구조의 수하물에서 인간 검사관이 간과할 수 있는 미세한 이상 신호를 조기에 제시하는 점이 강점으로 평가된다.

X선 검색 기술은 물질마다 상이한 투과 특성과 밀도 차이를 이용해 이중 바닥 구조, 합성 소재로 제작된 위장 포장, 속이 빈 목재, 식품·의약품 포장재 속에 숨겨진 불법 물품을 1차적으로 식별한다. 모든 수하

물과 화물을 개봉 검사하는 것은 현실적으로 불가능하기 때문에, 운송 노선 정보, 발송·수취 이력, 물류 흐름, 과거 적발 사례 등 다양한 데이터를 결합한 위험 기반 분석이 필수적이다. 이러한 정보가 AI 시스템과 연동될 경우, 검사 대상의 우선순위를 합리적으로 설정할 수 있으며, 전체 처리 속도와 정확성을 동시에 향상시킬 수 있다.

무엇보다 중요한 점은 마약과 무기가 국내 유통망에 진입하기 이전, 즉 국경 단계에서 차단될 경우 사회 전반의 중독 피해와 연쇄 범죄 발생 가능성을 크게 줄일 수 있다는 사실이다. 실제로 2025년 상반기 기준 한국 관세청은 다수의 마약 밀수 사건을 적발하고 대규모 마약을 압수한 바 있으며, 이는 선제적 국경 단속과 첨단 검색 기술의 결합이 실질적인 범죄 억제 효과를 발휘하고 있음을 보여준다. 또한 이 과정에서 확보된 X선 영상 자료는 비파괴적 증거로서 보전성이 높아 수사와 재판 과정에서 객관적 자료로 활용될 수 있다는 장점을 지닌다.

결국 X선과 인공지능의 결합은 단순한 검사 효율 개선을 넘어 국제 마약과 무기 밀수 대응 전략의 전반을 변화시키는 핵심 요소로 자리 잡고 있다. 향후 AI 기술이 더욱 고도화되면, 대량의 X선 영상의 실시간 분류와 분석을 통하여 하루 수십만 건에 이르는 수하물과 화물을 지연 없이 처리하는 체계가 점진적으로 구현될 것으로 전망된다.

현재의 검색 기술이 주로 2차원 투과 영상과 밀도 차이에 기반하고 있다면, 앞으로는 딥러닝 기반 3차원 영상 재구성과 물질 식별 알고리즘, 나아가 에너지 분해 X선 기술 등과의 융합을 통해 탐지 정확도가 더욱 향상될 가능성이 있다. 여기에 더해 여권 정보, 항공권 이력, 물류 네트워크 데이터까지 통합한 위험 예측형 보안 시스템으로 발전함으로써, 단순히 물체를 발견하는 수준을 넘어 잠재적 위험을 사전에 평가하고 관리하는 단계로 나아갈 것이다.

이러한 기술적 진보는 국경 보안을 단속 중심의 행정 영역에서 과학 기반의 정밀 관리 영역으로 전환시키며, 글로벌 범죄 예방과 국제 교역 질서의 안정성을 지탱하는 핵심 인프라로 작용하고 있다. 보이지 않는 X선의 빛은 오늘도 국경의 문턱에서 사회를 위협하는 불법 행위를 조용히 걸러내는 과학의 방패로 기능하고 있다.

7장

보이지 않는 빛으로 움직이는 문명 - 원자력 이야기

불의 발견은 인류 문명사에서 첫 번째 대전환점이었다. 인간은 불을 통해 음식을 익히고 금속을 제련하며, 어둠에 지배되던 밤을 인간의 활동 영역으로 확장하는 능력을 획득했다. 이후 석탄과 증기기관, 전기의 시대를 거치며 에너지는 산업화와 문명 확장을 견인하는 핵심 동력으로 자리 잡았다. 그리고 20세기 중반, 인류는 또 한 번의 결정적인 전환점에 도달했다. 바로 원자의 내부에 잠재된 에너지를 인식하고 활용하기 시작한 순간이었다.

원자 내부에서 에너지를 끌어내는 '핵분열(atomic fission)'의 발견은 불 이후 인류가 통제하게 된 가장 고밀도의 에너지원이 등장했음을 의미한다. 핵분열이란 우라늄-235나 플루토늄-239처럼 무거운 원자핵이 중성자를 흡수한 뒤 불안정해지면서 두 개 이상의 더 가벼운 원자핵으로 쪼개지는 현상을 말한다. 이 과정에서 원래의 질량 일부가 사라지는데, 이 '질량 결손'에 해당하는 부분이 아인슈타인의 질량-에너지 등가 원리($E=mc^2$)에 따라 매우 큰 에너지로 변환되어 방출되는 현상이다. 이 과정에서 방출된 에너지는 주로 운동에너지와 감마선의 형태로 나타나며, 추가적인 중성자를 생성해 연쇄 반응을 일으킬 수 있다.

이는 단순히 새로운 에너지원이 추가된 사건이 아니라, 물질을 구성하는 원자핵의 구조와 결합 에너지를 이해하고, 그 질서를 인위적으로 제어할 수 있게 되었음을 의미한다는 점에서 과학사적 전환점으로 평가된다. 화학적 연소가 분자 수준의 결합 에너지를 다루는 데 그친다면, 핵분열은 원자핵 내부의 결합 에너지를 직접 활용함으로써 질량 단위당

수백만 배에 달하는 에너지 밀도를 실현한다는 점에서 근본적으로 다른 차원의 기술이다.

현대 산업의 본질은 에너지에 있으며, 에너지의 안정적인 확보 여부는 국가 경쟁력과 직결된다. 철강, 반도체, 데이터 산업과 같은 에너지 집약적 산업뿐 아니라, 국가 안보와 사회 인프라 전반은 고밀도·고신뢰 에너지원에 의존한다.

철강, 반도체, 화학, 시멘트, 조선, 데이터센터 산업 등은 막대한 전력과 열을 지속적으로 필요로 하는 대표적인 에너지 집약형 산업군으로, 국가 산업 구조의 중추를 형성한다. 특히 반도체, 인공지능, 클라우드 컴퓨팅 산업은 전력 공급의 안정성과 품질이 곧 생산성과 기술 경쟁력으로 이어진다. 여기에 '탄소 중립'이라는 시대적 과제가 더해지면서 에너지 효율성과 환경 부담 저감은 선택이 아닌 필수 요소로 부상하고 있다. 이로써 에너지 문제는 더 이상 자원의 확보 여부에 국한되지 않고, 산업 생태계의 지속 가능성과 국가 경제 안보를 좌우하는 전략적 과제로 인식되고 있다.

원자력 에너지는 인류가 불의 시대를 넘어 '에너지를 설계하고 관리하는 단계'로 진입했음을 상징하는 과학기술적 도약이다. 극히 소량의 연료로도 장기간 동안 안정적으로 대규모 전력을 생산할 수 있다는 점에서 원자력은 기존 화석 연료 중심의 에너지 체계와는 근본적으로 다른 가능성을 제시한다. 동시에 온실가스 배출이 거의 없다는 특성은 기후 변화 대응이라는 측면에서도 중요한 의미를 지닌다.

그러나 이러한 장점과 함께 원자력 에너지는 방사능 오염의 잠재적 위험, 고준위 방사성 폐기물의 장기적 관리 문제, 그리고 사고 발생 시 사회 전체가 감당해야 할 피해 규모라는 중대한 과제를 내포하고 있다. 이는 기술적 문제에 그치지 않고, 안전성에 대한 사회적 신뢰, 세대 간 책임, 윤리적 판단과 같은 복합적인 질문으로 이어진다. 원자력은 강력한 에너지원인 동시에, 인간의 과학적 통제 능력과 책임 의식을 끊임없이 시험하는 기술이라 할 수 있다.

7장에서는 원자력 에너지가 인류 문명과 산업 발전에 기여해 온 역사적 맥락을 살펴보는 한편, 그 활용 과정에서 제기되어 온 윤리적·환경적 쟁점을 함께 고찰하고자 한다. 이를 통해 원자력 에너지가 지닌 잠재력과 한계를 균형 있게 조망하고, 미래 에너지 선택의 과정에서 과학적 합리성과 사회적 책임이 어떻게 조화를 이루어야 하는지를 성찰해 보고자 한다.

인류가 선택한
네 번째 에너지 혁명

인류의 문명은 에너지를 다루는 능력의 역사라 할 수 있다.

어떤 에너지를 발견하고, 그것을 얼마나 효율적이고 안전하게 통제할 수 있는가에 따라 인류 사회의 구조와 기술 문명은 끊임없이 재편되어 왔다.

첫 번째 혁명 : 불의 시대

약 100만 년 전, 호모 에렉투스가 불을 활용하기 시작한 사건은 단순한 생존 기술의 진보를 넘어 인류 진화의 분기점이 되었다. 불은 음식 조리를 가능하게 하여 영양 흡수 효율을 높였고, 난방과 야간 활동을 통해 인간의 생활 반경을 확장시켰다. 나아가 금속 제련과 도구 제작, 공동체 형성을 촉진하며 사회적 진화를 가속했다. 불의 발견은 인류가 자연 현상을 능동적으로 통제하기 시작한 최초의 과학적 혁명이었다. 동시에 이는 산림 훼손과 연기, 매연으로 대표되는 환경 오염 문제의 시작이기도 했다.

두 번째 혁명 : 석탄의 시대(산업혁명)

18세기 산업혁명은 석탄을 중심으로 한 에너지 체계를 확립하였다. 증기기관의 발명은 열에너지를 기계적 동력으로 전환하는 기술적 도약을 이루었고, 이는 대량 생산과 대량 운송을 가능하게 하며 인류의 생산성을 폭발적으로 증가시켰다. 석탄은 도시화를 가속하고 산업과 제국주의의 팽창을 뒷받침했으나, 동시에 대기 오염과 도시 매연, 노동 환경 악화라는 사회·환경적 문제를 남겼다.

세 번째 혁명 : 석유와 전기의 시대

19세기 후반 석유의 본격적 활용은 내연기관과 전기 생산 기술의 발전으로 이어지며 이동성과 생산성의 새로운 시대를 열었다. 자동차와 항공기, 대규모 발전소의 등장은 인류에게 전례 없는 이동의 자유와 산업적 확장을 제공하였다. 그러나 석유 중심의 에너지 체계는 자원 고갈 문제, 지정학적 갈등, 그리고 온실가스 배출에 따른 기후 위기의 근본적 원인으로 작용해 왔다.

20세기 중반, 인류는 물질의 가장 깊은 층위에서 또 하나의 '불'을 발견하게 된다.

네 번째 혁명 : 원자의 시대

  1938년 오토 한(Otto Hahn)과 프리츠 슈트라스만, 그리고 이를 이론적으로 해석한 리제 마이트너(Lise Meitner)에 의해 핵분열 현상이 규명되면서, 인류는 원자핵 내부에 잠재된 막대한 에너지를 인식하게 되었다. 이 발견은 원자력 발전과 핵무기의 시대를 여는 과학사적 전환점이었다. 1950~60년대 원자력은 거의 무한한 에너지원으로 찬양받았으나, 이후 체르노빌과 후쿠시마 원전 사고는 원자력 기술이 지닌 위험성과 책임의 무게를 전 세계에 각인시켰다.

  21세기 현재, 인류는 탄소 중립과 기후 위기 대응이라는 새로운 전환기에 서 있다. 화석연료 중심의 에너지 체계는 한계를 드러내고 있으며, 원자력은 탄소 배출이 거의 없는 대규모 전력원으로 다시 주목받고 있

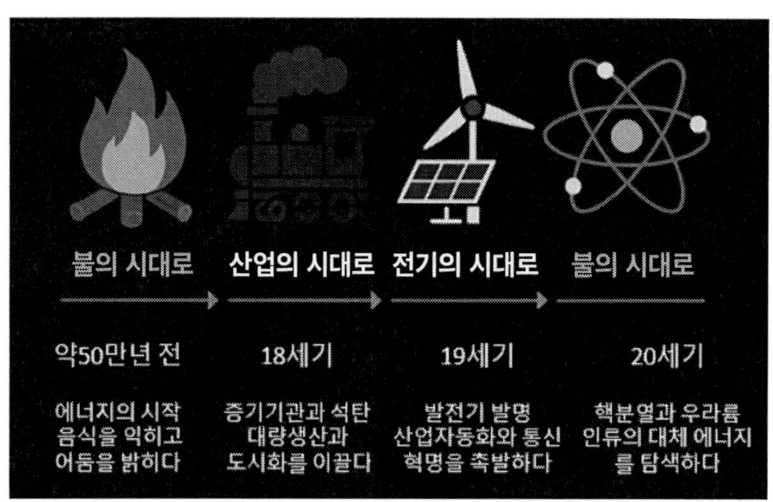

에너지 진화 타임라인

다. 동시에 태양광, 풍력, 수소, 그리고 핵융합과 같은 차세대 에너지 기술이 병존하는 다원적 에너지 패러다임의 시대가 열리고 있다.

이전에 원자력 발전은 무거운 원자핵, 주로 우라늄-235 또는 플루토늄-239가 중성자를 흡수해 핵분열을 일으키면서 막대한 열에너지를 방출하는 물리 과정이라고 했다. 이때 발생한 열은 냉각재(경수, 중수, 가스 등)를 통해 제거되며, 고온·고압의 증기로 전환되어 터빈을 회전시키고 발전기를 구동함으로써 전기가 생산된다. 화석연료를 연소하는 방식과 달리, 핵반응 자체에서는 이산화탄소가 거의 배출되지 않는다는 점이 중요한 특징이다.

현재 전 세계에서 가장 널리 사용되는 원자력 발전 방식은 가압수형 원자로(Pressurized Water Reactor, PWR)이다. 이 방식에서는 1차 계통의 물을 고압 상태로 유지해 끓지 않도록 한 뒤, 증기발생기에서 2차 계통의 물을 가열해 증기를 만들고 터빈을 구동한다. 방사성 물질이 포함된 1차 계통과 터빈 계통이 분리되어 있어 안전성과 신뢰성이 높다.

이에 비해 비등수형 원자로(Boiling Water Reactor, BWR)는 원자로 내부에서 직접 물을 끓여 생성된 증기가 터빈으로 전달되는 구조로, 열교환기를 별도로 거치지 않아 계통이 단순하고 열효율이 상대적으로 높다는 장점을 지닌다. 그러나 이와 같은 직접 순환 구조로 인해, 원자로 1차 계통의 냉각수가 곧바로 증기 계통과 연결된다는 점에서 방사선 관리 측면에서는 보다 엄격한 설계와 운전이 요구된다.

구체적으로 BWR에서는 노심에서 발생한 중성자 조사로 인해 냉각수 내에 질소-16과 같은 반감기가 짧은 방사성 핵종이 생성되며, 이들이 증기와 함께 터빈 계통으로 이동할 수 있다. 비록 질소-16은 반감기가 약

7초로 매우 짧아 장기적인 방사선 영향은 제한적이지만, 운전 중 터빈 건물 및 증기관 주변의 방사선 준위를 일시적으로 상승시킬 수 있어 작업자 피폭 관리와 차폐 설계가 핵심 과제로 작용한다.

또한 비등수형 원자로에서는 원자로 내부의 물이 직접 끓어 생성된 증기기 터빈으로 이동하기 때문에, 연료 피복 손상이나 부식 생성물이 함께 이동할 가능성을 항상 고려해야 한다. 이로 인해 1차 계통의 수질 관리, 방사성 부식 생성물(corrosion products)의 제어, 그리고 증기 내 수분 함량을 낮추는 증기 건조도 관리가 가압수형 원자로에 비해 더욱 정밀하고 엄격하게 이루어져야 한다. 이 때문에 BWR은 증기 건조기(steam dryer), 습분 분리기(moisture separator), 터빈 계통 차폐 설계, 원격 감시 시스템 등 방사선 차폐와 모니터링을 전제로 한 공학적 안전 설계가 필수적이다.

최근 주목받는 소형모듈원자로(Small Modular Reactor, SMR)는 단일 원자로의 출력은 상대적으로 작지만, 표준화된 모듈 설계를 통해 공장 제작과 현장 조립이 가능하도록 함으로써 건설 기간과 초기 투자 비용을 줄이고자 개발된 차세대 원자로이다. 특히 SMR은 자연 순환에 기반한 수동 안전계통(passive safety system)을 핵심 개념으로 채택하여 사고 발생 시에도 외부 전원이나 인위적 조작 없이 중력·자연 대류·열전도와 같은 물리 법칙만으로 원자로를 안전 정지 상태로 유도할 수 있도록 설계되어 있다.

또한 원자로 계통을 압력용기 내부에 집중적으로 배치하거나, 노심 출력 밀도를 낮추고 열제거 여유도를 확대함으로써 노심 용융 가능성을 근본적으로 줄이는 방식으로 설계하고 있다. 이러한 특성으로 SMR은 대규모 전력망뿐 아니라, 전력 수요가 제한적인 지역, 노후 화력발전 대체, 해수 담수화, 수소 생산, 산업 공정열 공급 등 다양한 비전통적 활용 분야에서도 유연하게 적용될 수 있는 원자력 기술로 평가된다.

에너지의 본질은 '얼마나 적은 자원으로 얼마나 많은 일을 할 수 있는가?'에 있다. 이 관점에서 우라늄은 인류가 발견한 가장 고에너지 밀도의 연료 중 하나이다.

이론적으로 1g의 우라늄-235가 완전한 핵분열을 할 경우 약 24,000kWh의 에너지를 방출하며, 이는 석탄 약 3톤 또는 석유 약 1,500리터를 연소시킬 때 얻는 에너지와 맞먹는다. 핵분열은 화학적 연소가 아니라 원자핵 결합 에너지의 변화에서 기인하기 때문에, 화학 반응 대비 수백만~천만 배 높은 에너지 밀도를 지닌다.

풍력과 태양광은 자연 에너지를 전기로 전환하는 친환경 기술이지만, 출력 변동성과 에너지 밀도의 한계로 인해 안정적인 대규모 전력 공급에는 추가적인 저장 및 계통 보완이 필요하다. 반면 원자력은 기상 조건이나 시간대에 영향을 받지 않는 대표적인 기저 부하(base load) 전원으로, 에너지 집약적 산업과 대규모 전력망에서 중요한 역할을 수행해 왔다.

경제적 측면에서 원자력 발전은 초기 건설비와 안전 설비 투자 비용이 크지만, 운전 단계에서는 연료비가 전체 발전비의 10% 미만으로 낮아 장기적인 발전 단가 안정성이 높다. 반면 화석연료 발전은 연료 수입 의존도가 높고 국제 가격 변동에 따라 경제적 불확실성이 크다. 재생에너지는 설비 비용이 지속적으로 하락하고 있으나, 간헐성 보완을 위한 에너지 저장 시스템과 계통 강화 비용이 필연적으로 수반된다.

원자력 발전은 발전 과정에서 이산화탄소 배출이 거의 없다는 장점이 있지만, 중대 사고 가능성과 고준위 방사성 폐기물의 장기 관리 문제는 여전히 사회적·윤리적 논의의 중심에 놓여 있다. 따라서 원자력의 활용은 기술적 효율성뿐 아니라, 안전성, 투명성, 그리고 세대 간 책임을 포괄하는 종합적 판단 위에서 이루어져야 한다.

원자력 에너지의
두 얼굴

원자력 발전은 안정적이고 대규모의 전력을 지속적으로 공급함으로써 산업화와 도시화를 촉진해 온 핵심 에너지원이다. 동시에 발전 과정에서 이산화탄소 배출이 극히 적어 기후 변화 대응에 기여하는 저탄소 전원으로 평가받고 있다. 그러나 이러한 장점의 이면에는 단 한 번의 중대 사고가 광범위한 인명 피해와 장기적인 환경 영향을 초래할 수 있는 잠재적 위험성 또한 공존한다.

21세기 인류가 직면한 가장 시급한 과제는 단연 기후 위기이다.

화석연료에 의존해 온 산업화의 결과, 지구 평균기온은 지속적으로 상승하고 있으며 극단적 폭염, 집중호우, 가뭄과 같은 기후 이상 현상이 빈발하고 있다. 최근 관측에 따르면 지구 평균 해수면은 연간 약 3~4mm 속도로 상승하고 있으며, 이에 따라 저지대 섬나라와 해안 도시는 염수 침투, 상습 침수, 기반시설 손상이라는 복합적 위협에 노출되고 있다.

또한 전 세계적으로 폭염의 빈도와 강도가 증가하면서 농업 생산성 저하, 식수 부족, 열사병과 같은 인명 피해가 늘어나고 있으며, 이는 식량 안보와 사회 안정성에 직접적인 도전으로 작용하고 있다.

이러한 맥락에서 탄소 배출을 줄이는 일은 더 이상 선택의 문제가 아니라 생존의 조건이 되었다. 전 세계가 '탄소 없는 에너지'를 향해 나아가는 이유가 여기에 있다. 그 중심에서 원자력 에너지는 현실적 대안 중 하나로 다시 주목받고 있다.

국제에너지기구(IEA)에 따르면, 원자력 발전은 지난 약 50년간 전 세계적으로 약 60억 톤 이상의 이산화탄소 배출을 감축한 것으로 평가되며, 이는 저탄소 전원 전체의 감축 효과 중 상당한 비중을 차지한다. 또한 동일한 발전량을 기준으로 할 때 원자력은 태양광이나 풍력에 비해 단위 면적당 에너지 생산 밀도가 수십 배 이상 높고, 기상 조건이나 시간대의 제약 없이 24시간 연속 운전이 가능한 전원이라는 점에서 에너지 시스템의 안정성을 뒷받침한다.

특히 탄소세 도입과 재생에너지의 간헐성을 보완하기 위한 저장·계통 비용을 고려하면, 원자력은 여러 청정에너지가 역할을 나누어 함께 작동하는 에너지 구조에서 중심적인 역할을 맡고 있다.

그러나 원자력의 '청정성'은 결코 무결함을 의미하지 않는다.

1986년 4월 26일, 소련 체르노빌 원전 4호기에서 수행 중이던 안전 실험 도중 대형 폭발 사고가 발생했다. 이 사고의 직접적 원인은 부적절한 제어봉 조작과 출력 불안정이라는 운전상의 실수에 더해, 양의 공극 계수와 격납 건물 부재라는 설계 결함이 복합적으로 작용한 결과였다. 출력이 급격히 상승하며 노심이 붕괴되었고, 대규모 방사성 물질이 대기 중으로 방출되어 약 열흘간 유럽 전역으로 확산되었다. 이는 민간 원전 사고 가운데 최악의 사례로 평가되며, 수십만 명의 주민이 강제 이주를 겪었고, 방사선 피폭에 따른 암 발생 증가와 사회·경제적 피해가 장기간 지속되었다.

2011년 3월 11일 발생한 일본 후쿠시마 제1원전 사고 역시 원자력의 취약성을 극명하게 보여주었다. 규모 9.0의 대지진과 이어진 쓰나미로 인해 외부 전원과 비상 디젤발전기가 동시에 침수되면서 냉각 기능이 상실되었고, 그 결과 핵연료 과열과 수소 폭발이 연쇄적으로 발생하여 3기의 원자로 노심이 심각한 손상을 입었다. 자연재해와 복합적 설계 문제가 중첩된 이 사고는 기술적 안전성뿐 아니라 자연 변수에 대한 대비의 중요성을 다시금 부각시켰다.

사고의 사회적·경제적 여파는 막대했다. 체르노빌 사고로 약 30만 명 이상이 이주했으며, 현재까지도 반경 30km 이내는 상시 거주가 제한된 지역으로 남아 있다. 후쿠시마 사고로는 약 16만 명의 피난민이 발생했고, 제염 이후에도 귀환율은 지역별로 큰 편차를 보이고 있다. 사고 이후 원자력에 대한 불신은 탈원전 정책과 사회적 갈등으로 이어졌으며, 일본에서는 원전 종사자에 대한 낙인, 공동체 해체, 고령 피난민의 정신적 고통과 같은 비가시적 피해가 장기화되었다.

경제적 피해 역시 심각했다. 체르노빌 사고의 누적 경제 피해는 2019년 기준 약 2,000억 달러 이상으로 추산되며, 사고 이후 수십 년간 우크라이나 GDP의 상당 부분이 복구와 관리 비용에 투입되었다. 후쿠시마의 경우 일본 정부는 2050년까지 복구·제염·보상 비용이 수천억 달러 규모에 이를 것으로 전망하고 있다. 사고 직후 일본은 모든 원전 가동을 중단했고, 그 결과 화석연료 수입 의존도가 급증해 연간 수백억 달러의 추가 에너지 비용이 발생했으며, 전력 요금 상승과 산업 경쟁력 저하로 이어졌다.

원전 사고 시 방출되는 방사성 핵종은 환경에 장기적인 영향을 미친다. 체르노빌 사고에서는 세슘-137, 스트론튬-90, 아이오딘-131 등 다양한 핵종이 토양과 수계에 확산되었으며, 일부 지역은 수십 년이 지난 지금도 자연 방사선 수준을 크게 상회하는 선량이 관측되고 있다. 후쿠시마에서는 방사성 오염수 처리와 해양 방류 문제가 국제적 논쟁을 불러일으켰으며, 해양 생태계와 어업에 대한 장기적 영향은 여전히 과학적 평가가 진행 중이다.

이처럼 원자력은 인류가 만들어 낸 가장 강력한 에너지원 중 하나이자, 동시에 가장 큰 책임을 요구하는 기술이다. 방사성 폐기물의 장기 관리와 중대 사고 위험은 여전히 해결해야 할 과제로 남아 있다. 다만 오늘날의 원자력 기술은 과거와 동일하지 않다. 수동 안전 계통(Passive Safety System), 사고 내성 연료, 소형모듈원자로(SMR), 그리고 사용 후 핵연료 관리 기술 등은 안전성과 유연성을 크게 향상시키고 있다.

지속 가능한 미래는 단일한 에너지원으로 완성되지 않는다. 태양과 바람, 그리고 원자핵 속에 잠든 에너지가 과학적 안전성과 사회적 합의라는 토대 위에서 균형을 이룰 때, 인류는 비로소 '탄소 없는 문명'이라는 새로운 단계에 도달할 수 있을 것이다.

사회적 신뢰와
윤리적 숙제

세계는 여전히 구조적인 에너지 불균형 속에 놓여 있다.

유럽은 러시아산 천연가스 의존의 지정학적 리스크를 뼈아프게 경험했고, 한국과 일본은 1차 에너지 수입 의존도가 90%를 상회하는 전형적인 에너지 취약 국가다. 이러한 현실에서 원자력은 자국 내에서 비교적 안정적으로 통제 가능한 대규모 전력 공급망을 구축할 수 있는 핵심 축으로 기능해 왔다.

경제적 측면에서도 원자력은 장기 효율성이 높은 에너지원으로 평가된다. 초기 건설 비용은 높지만, 연료비가 전체 발전비의 10% 이하에 불과하고, 설계 수명이 60년 이상에 이르기 때문에 장기 운전 시 단가 안정성이 크다. 경제협력개발기구(OECD)의 다수 보고서에 따르면, 탄소 비용을 반영한 균등화 발전 원가(LCOE) 기준에서 원자력은 태양광이나 풍력과 비교해도 경쟁력을 유지하는 저탄소 전원으로 분류된다.

그럼에도 불구하고 원자력은 인류가 만들어 낸 가장 강력하고 효율적인 에너지원인 동시에, 가장 깊은 불신과 논쟁의 중심에 서 있는 기술이다. 이 불신의 근원은 방사능이라는 물리적 위험 그 자체에만 있지 않다. 보다 본질적인 문제는 그 위험을 통제하는 시스템을 '과연 신뢰할 수 있는가?', 그리고 그 책임을 '누가, 어떻게 지는가?'라는 사회적·윤리적 질문에 있다.

원자력 정책의 성패를 가르는 요소는 고도의 기술력만이 아니다. 그것은 무엇보다 소통과 투명성의 문제다. 후쿠시마 사고 직후, 정부와 사업자의 불명확한 정보 전달과 일관성 없는 설명은 방사선 피해 그 자체보다 더 큰 사회적 혼란과 불신을 초래했다는 평가를 받는다. 이는 원자력 사고에서 가장 빠르게 확산되는 위험이 물리적 방사선이 아니라, 정보의 공백과 신뢰의 붕괴일 수 있음을 보여준다.

따라서 원자력의 지속 가능성은 기술적 완성도를 넘어 사회적 참여와 윤리적 소통 구조 위에서만 성립할 수 있다. 정부와 과학계는 대중을 단순한 수혜자나 설득의 대상으로 취급해서는 안 된다. 대중을 정보 공유와 의사결정 과정에 참여하는 동등한 파트너로 대우할 때만 사회적 신뢰는 축적될 수 있다. 이를 위해 독립적인 규제 기관의 실질적 권한 강화, 사고 시 지체 없는 정보 공개, 위험 평가 과정의 투명한 기록과 공개가 제도적으로 보장되어야 한다.

윤리적 측면에서 원자력이 안고 있는 가장 무거운 숙제는 바로 세대 간 정의(intergenerational justice)의 문제다. 원자력은 현재 세대의 전력 수요와 기후 대응에 기여하지만, 그 대가로 발생하는 고준위 방사성 폐기물의 관리 책임은 미래 세대에게 전가된다. 체르노빌 지역의 장기 오염, 후쿠시마의 토양과 해양 관리 문제, 그리고 아직 최종 해법이 확정되지 않은 고준위 폐기물 처분 문제는 이 윤리적 부담이 결코 추상적이지 않음을 보여준다.

특히 방사성 폐기물의 반감기는 인류의 시간 감각을 압도한다. 플루토늄-239의 반감기는 약 24000년에 달한다. 이는 오늘 우리가 생산한 폐기물이 수백, 수천 세대 이후의 인간에게까지 관리 책임을 요구한다는 의미다. 이 점에서 환경론자와 윤리학자들은 원자력을 단순한 기술적 진보의 산물이 아니라, '미래 세대의 권리를 현재 세대가 어떻게 다루는가?'라는 도덕적 문제로 바라본다.

이 질문은 결국 '현재의 편익을 위해 미래의 안전을 어디까지 감수할 수 있는가?'라는 윤리적 물음을 우리 사회에 던진다. 따라서 원자력의 운영과 정책 결정은 '최소 위험'과 '최대 투명성'이라는 원칙 아래, 미래 세대에 대한 책임 있는 대안과 함께 추진되어야 한다.

방사선 위험과 안전 조치에 대한 사실 기반 소통, 사고 발생 시 즉각적이고 일관된 정보 공개, 정치적 압력으로부터 독립된 규제 체계는 선택이 아니라 전제 조건이다. 이러한 시스템이 작동할 때, 원자력은 비로소 공포의 대상이 아닌 책임 있는 에너지로 인식될 수 있다.

결국 원자력의 진정한 과제는 기술의 정밀함뿐만 아니라 도덕적 정직성이다. 인류가 핵의 에너지를 다루는 한, 원자력의 미래는 단순한 과학 수치나 효율성 지표가 아니라, 신뢰를 어떻게 구축하고 윤리를 어떻게 실천하느냐에 의해 결정될 것이다. 그 조건이 충족될 때에만 원자력은 공포의 상징을 넘어 인류의 지속 가능한 미래를 떠받치는 책임 있는 빛으로 자리매김할 수 있다.

8장

—

엑스레이 아트
- 보이지 않는 세계의 아름다움

빛이 비추는 세계에는 두 개의 차원이 공존한다. 하나는 인간의 눈에 직접 닿는 가시광선의 세계이고, 다른 하나는 보이지 않지만 사물의 내부 깊숙한 곳에서 작동하는 구조와 질서의 세계다. 엑스레이 아트(X-ray Art)는 이 두 세계 사이의 경계를 허물며, 우리가 익숙하게 인식해 온 사물을 전혀 다른 차원의 시선으로 다시 보게 만든다.

튤립의 꽃잎은 더 이상 색채와 향기로만 존재하지 않는다. 방사선의 빛 아래에서 그것은 조직과 맥의 흐름이 드러난 하나의 구조물이 되며, 곡선과 대칭이 정교하게 맞물린 자연의 설계도로 변모한다. 나비의 날개는 장식적 표면을 넘어 반복과 변주의 리듬이 살아 있는 기하학적 질서를 드러내고, 해마의 골격은 생명의 운동이 축적된 선과 공간의 조형으로 나타난다. 이때 드러나는 이미지는 해부학적 정보의 나열이 아니라, 자연이 스스로 선택해 온 형태의 필연성을 시각적으로 증명하는 장면에 가깝다.

눈으로 볼 수 없던 세계가 예술의 언어로 재현되는 이 순간, 우리는 '본다'는 행위의 의미를 다시 묻게 된다. 보는 일이란 단순히 표면을 인식하는 것이 아니라, 존재의 내부에 잠재된 구조와 시간의 흔적을 해독하는 과정임을 엑스레이 아트는 조용히 상기시킨다. 따라서 엑스레이 아트는 단순한 투시 기술이나 과학적 이미지의 미학적 차용이 아니다. 그것은 가시성과 비가시성의 경계에서 작동하는 시각적 철학이며, 과학적 정확성과 예술적 해석이 긴장 속에서 공존하는 하나의 미학적 실천이다.

예술사적으로 보았을 때, 엑스레이 아트는 르네상스의 해부학적 드로

잉이 인간 신체의 구조를 통해 '진실한 아름다움'을 탐구했던 전통을 현대적으로 계승한다. 동시에 그것은 사진 예술이 현실을 기록하는 장치에서 벗어나, 보이지 않는 층위를 드러내는 사유의 매체로 확장되어 온 흐름과도 맞닿아 있다. 방사선 이미지는 사실을 왜곡하지 않지만, 그대로의 사실에 머무르지도 않는다. 작가가 어떤 대상을 고르고, 어느 각도에서 바라보며, 명암과 투과 강도를 어떻게 조절하느냐에 따라, 차가운 과학적 데이터는 관람자가 느끼고 해석할 수 있는 하나의 감각적인 예술 경험으로 다시 태어난다.

이 지점에서 엑스레이 아트는 과학과 예술의 단순한 협업을 넘어선다. 그것은 과학이 제공한 '빛'을 예술이 해석하고, 예술이 던진 질문을 과학이 다시 반사하는 상호 번역의 장이다. 보이지 않던 내부는 더 이상 숨겨진 영역이 아니라, 드러남을 통해 새로운 의미를 획득하는 공간이 된다. 우리는 그 안에서 생명의 취약함과 정교함, 우연과 필연이 동시에 공존하는 아름다움을 마주한다.

이제 과학이 만들어 낸 빛의 예술, 엑스레이 아트의 세계로 들어가 보자. 그곳에서 우리는 보이지 않던 세계가 품고 있던 숨결과 그 구조 속에 잠들어 있던 아름다움의 진실을 만나게 될 것이다.

예술로 재탄생한 방사선

엑스레이 아트는 의학적 기록의 영역에서 출발했지만, 시간이 흐르며 인간 존재의 구조적 아름다움과 내면의 본질을 탐구하는 예술적 언어로 확장되었다. 인체의 뼈·폐·혈관·치아 등은 병리 진단의 대상이기 이전에 자연이 설계한 정교한 조형물이며, 그 자체로 생명의 '구조적 질서'를 드러낸다. 예컨대 폐의 기관지 분지는 나뭇가지처럼 분기하는 프랙털(fractal) 구조를 띠며, 골격의 대칭과 곡선은 하중과 운동을 동시에 만족시키는 생체역학적 완결성을 보여준다. 이러한 시각적 체험은 외형 너머의 본질을 사유하도록 이끌며, 이 예술을 철학적 성찰의 장으로 확장시킨다.

이 장르의 기원은 1895년 뢴트겐이 X선을 발견하고, 인류가 살아 있는 인체의 내부를 처음으로 비가시적 시선으로 바라보게 된 순간으로 거슬러 올라간다. 외형 중심의 전통적 재현에서 벗어나, '투명성'과 '내부 구조'가 이미지의 주제가 될 수 있음을 열어 보였기 때문이다. 다만 이때의 '투명성'은 모든 것을 안다는 환상이 아니라, 밀도 차이를 통해 내부를 '구조적으로' 읽어내는 새로운 시각 체계라는 점에서 이해될 필요가 있다. X선 이미지는 색으로 사물을 꾸미는 대신, 그 안에 숨어 있던 두

께와 재질, 밀도의 차이를 빛과 그림자의 대비로 드러낸다. 그 결과 우리는 겉모습이 아니라 사물을 이루는 구조 그 자체를 마주하게 되며, 형태의 본질이 한층 또렷하게 전면으로 떠오른다.

이후 20세기 후반에 이르러 영국의 사진가 닉 베세이(Nick Veasey)는 X선을 이용해 인간과 식물, 기계의 내부 구조를 시각적으로 탐구하며, 보이지 않는 세계를 미학적으로 드러내는 현대 X-ray 아트의 흐름을 확고히 구축해 나갔다. 그의 작업은 방사선 영상의 기술적 기록을 넘어, 존재의 구조와 질서를 드러내는 시각적 철학으로 확장되었다. 투명한 형태, 밀도의 차이, 해부학적 리듬을 예술의 언어로 승화함으로써, 그는 '보이지 않는 세계의 조형성'을 대중적 감각으로 번역했다. 특히 항공기와 같은 거대 산업 대상의 방사선 이미지는 인간이 만든 기술 문명이 하나의 '기계적 생명체'처럼 조직되어 있음을 시각적으로 표현하고 있다.

1990년대 후반, 영국의 아티스트 휴 터비(Hugh Turvey)는 이러한 흐름을 바탕으로 '죠그램(Xogram)'이라는 명칭을 제안하였다. 이는 'X-ray'와 'photogram'의 결합어로, 피사체를 직접 배치해 그림자를 얻는 포토그램의 논리를 X선 투과 영상으로 확장한 개념이다. 본질적으로 엑스레이 아트와 맥을 같이하지만, 대상의 외형을 넘어 내면 구조를 사유의 대상으로 삼는다는 지향을 더 선명히 드러내는 용어라 할 수 있다. 전통 사진이 표면에 반사된 빛을 포착한다면, 조그램은 투과한 에너지의 흔적을 통해 구조를 드러내며, 외형과 본질의 경계를 흔들고 시각 예술에 새로운 깊이를 부여한다.

예술사적으로 이러한 시도는 르네상스 시대의 해부학적 탐구 정신과 현대 영상 기술의 만남으로 이해할 수 있다. 레오나르도 다빈치의 해부드로잉이 자연의 구조적 진실을 손의 기술로 정밀하게 기록한 시도였다면, 엑스레이 아트와 죠그램은 방사선이라는 과학의 빛을 통해 그 동일한 탐구 정신을 오늘의 시각 언어로 재해석하고 표현했다. 또한 이는 초현실주의가 추구하는 '보이는 것 너머'의 세계와도 접점을 갖는다. 다만 초현실주의가 무의식과 상징을 통해 비가시를 호출했다면, 방사선 예술은 물질의 내부를 물리적으로 가시화함으로써, '보이지 않는 세계에도 진실이 존재하는가?'라는 질문을 과학적 이미지의 방식으로 다시 제기한다.

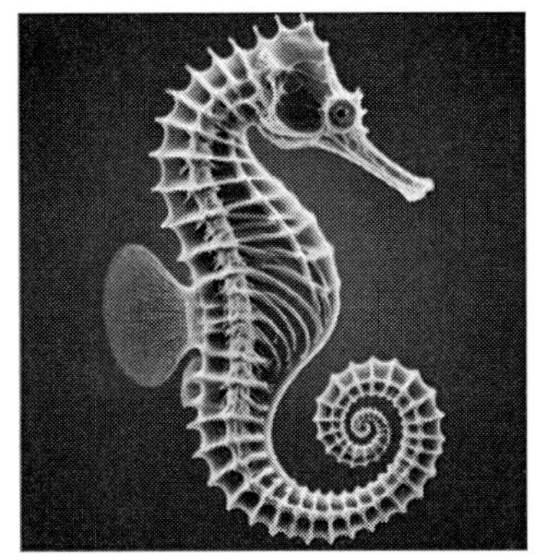

*자료 : 엑소그램 영상(DALL-E를 이용한 꽃과 해마)

엑스레이 이미지는 단순한 투시 영상이 아니다. 그것은 존재를 드러내는 빛의 사건이다. 방사선은 겉모습의 장식을 하나씩 지워 내고, 사물과 인간이 지닌 내부의 구조로 곧장 시선을 이끈다. 그것은 숨겨진 것을 들춰내는 폭로라기보다, 그 안에 이미 존재하던 질서를 조용히 드러내는 것에 가깝다. 존재가 스스로의 구조를 투명하게 제시하는 순간, 영상은 단순한 이미지가 아니라 구조적 진실이 드러나는 장면이 된다. 이때의 투명성은 감시의 은유가 아니라, 이해를 위한 개방이라는 윤리적 의미를 함께 품어야 한다.

따라서 이 예술이 제기하는 질문은 해부학적 차원을 넘어선다. '나는 무엇으로 이루어져 있는가?'라는 물음에서 출발해, '내면의 진실은 어디에 존재하는가?'라는 존재론적 탐구로 확장된다. 필름이나 디지털 영상에 투영된 뼈와 조직의 구조는 생물학적 사실이면서 동시에, 인간이 지닌 리듬과 질서의 상징이 된다.

현대 사회는 외형 중심의 이미지가 넘쳐나는 시대다. 이러한 환경 속에서 엑스레이 아트는 겉모습의 완벽함이 아니라, 불완전함 속에 자리한 구조적 진실을 바라보도록 안내한다. 보이지 않는 세계를 드러내는 태도는 타인과 세계를 이해하는 윤리적 감수성과도 연결되며, '보이지 않음은 존재하지 않음'이라는 현대의 성급한 직관을 되돌아보게 한다.

의학적으로도 이 시각은 의미가 깊다. X선 영상 속 장기와 뼈는 단지 질병의 위치를 표시하는 표식이 아니라, 생명의 취약성과 존엄을 동시에 담은 형상이다. 의학이 질병을 치료하는 행위라면, 예술은 그 구조가 지닌 내재적 아름다움과 질서를 인식하게 한다. 따라서 방사선 예술은 치료가 단순히 신체를 '고치는' 행위에 머무르지 않고, 인간 존재를 이해하고 존중하는 실천임을 환기한다.

한편 생물학자의 시각에서 이 작업은 단순한 장식이 아니다. 그것은 생명 현상을 시각적으로 드러내는 투명한 지도이자, 자연이 진화 과정에서 축적해 온 구조의 기록이다. 곤충의 외골격, 식물의 잎맥, 꽃잎 속 미세한 맥관 구조는 선택과 적응을 통해 완성된 생명 시스템이다. X선 영상은 이 숨겨진 질서를 드러내며 생명체 내부의 구조적 논리와 기능적 미학을 동시에 보여준다. 예컨대 잎맥은 영양분의 통로를 넘어 손상에 견디는 분산형 네트워크이며, 곤충 날개 내부의 망상 구조는 공기역학적 효율을 위해 정교하게 조직된 '자연의 공학'에 가깝다. 이러한 관찰은 생물학이 설명하는 기능의 미학을 감각적 예술 경험으로 변환시킨다.

생물학적 관점에서 엑스레이 아트가 지니는 철학적 함의는 분명하다. 생명의 핵심은 외형이 아니라 내부의 구조적 질서 속에 있다. 우리가 아름답다고 느끼는 감정은 어쩌면 생존과 최적화를 향해 축적된 자연의 질서에 대한 무의식적 경외일 수 있다. 따라서 엑스레이 아트는 '생명은 외형이 아니라 구조 속에서 의미를 갖는다'는 진실을 시각적으로 체험하게 하는 예술 형태이다. 현대적 의미의 엑스레이 아트는 닉 베세이 등 동시대 작가들에 의해 대중적으로 알려지고 장르적 외연이 확장되었다고 정리할 수 있다. 산업용 X선 장비와 디지털 기술의 발달은 고해상도 예술 작품 구현의 기반을 마련했고, 예술가들의 실험정신은 이를 '표현의 매체'로 전환했다. 오늘날 이 기술 기반 예술은 광고·패션·인테리어·교육 등 다양한 영역에서 활용되며, 과학적 사실과 예술적 감성을 동시에 품은 시각 문화로 자리매김하고 있다. 다만 예술로서의 성취는 기술의 신기함 자체가 아니라, 구조를 통해 사유를 촉발하는 해석의 깊이에서 결정된다.

이 예술의 본질적 가치는 단순한 시각적 아름다움에 머물지 않는다. 핵심은 보이지 않는 것을 드러내는 철학, 즉 '투시(透視)' 행위의 의미다. 신화와 종교가 비가시적 세계를 상상으로 해석하려 했다면, X선은 이를 물리적 방식으로 실현한 도구라 할 수 있다. 하이데거(Martin Heidegger)

가 기술을 '숨겨진 것을 드러내는 방식'으로 사유했듯, 엑스레이 아트는 단순한 사진이 아니라 숨겨진 내부 세계의 심층 구조를 드러내는 존재론적 행위로 읽힌다. 꽃잎 속 맥관이나 인간의 관절 구조는 일상적 시선으로는 보이지 않지만 분명히 존재하는 세계이며, 이 장르는 그 세계를 이미지로 번역해 인간 인식의 한계를 확장한다.

나아가 X선 이미지는 '겉모습이 아니라 본질을 드러낸다'는 점에서 플라톤의 이데아론을 떠올리게도 한다. 우리가 꽃을 볼 때 먼저 인식하는 것은 색채와 외형이지만, 방사선 예술은 표면의 층위를 걷어 내어 근원적 구조를 드러낸다. 이는 현상과 본질의 관계를 시각적으로 체험하게 하며, 관객에게 '무엇이 진정한 본질인가?'라는 질문을 던진다.

예술의 역사는 새로운 매체의 탄생과 함께 발전해 왔다. 유화와 사진이 그러했듯 엑스레이 아트 역시 예술적 진화의 연속선상에 놓인 현대적 미학의 산물이다. 전통 사진이 가시광선의 흔적을 포착한다면, 이 예술은 파장이 짧은 X선을 통해 물질 내부의 밀도 차이를 영상으로 변환한다. 반사된 빛이 아니라 내부 구조가 드러내는 조형미를 포착한다는 점에서, 사진의 개념을 재정의하는 혁신적 시도라 할 수 있다.

또한 이 장르는 구조의 아름다움을 극대화한다. 색채가 사라진 자리에 형태의 순수한 리듬과 패턴이 남고, 이는 미니멀리즘적 감수성과도 맞닿아 있다. 더 나아가 인간을 바라보는 방식도 바꾼다. 일반 사진이 표정과 표면을 포착한다면, 방사선 이미지는 내부 구조와 실체적 존재감을 드러내며, '나는 외형인가, 구조인가?'라는 존재론적 성찰을 자극한다.

따라서 엑스레이 아트는 과학과 예술의 융합을 대표하는 장르다. 과학이 객관적 사실을 탐구한다면, 예술은 그 사실을 해석해 의미를 생성한다. 예술가는 방사선 이미지를 진단의 언어에서 꺼내어 사유의 장으로 옮기며, 사실과 의미의 경계를 흔드는 새로운 시각 언어를 구축한다. 요컨대 이것은 단순한 기술적 산물이 아니라, 빛과 구조, 존재와 사유가 교차하는 현대의 시각 철학이다. 과학이 발견한 투명한 빛 속에서 인간과 세계의 또 다른 얼굴을 마주하게 함으로써, 존재의 진실을 사유하게 하는 현대적 예술의 한 정점이라 할 수 있다.

*자료 : 보잉 777 여객기 엑스레이(x-ray) 사진(닉 베세이, 2001)

2017년 서울에서 열린 닉 베세이(Nick Veasey)의 전시 〈투명한 본질을 드러낸 순간〉은 한국 관객에게 엑스레이 아트를 '의학 이미지'가 아닌 동시대 시각 예술의 매체로 각인시키는 계기가 되었다.

관객들은 거대한 기계 장치나 일상 사물의 내부에서 예상치 못한 구조적 리듬과 균형을 발견하며, '본다'는 행위가 표면의 재현을 넘어 구조의 해석으로 확장될 수 있음을 체감했다. 결국 베세이의 작업은 과학의 정밀함과 예술의 사유가 만나는 경계에서 시각 경험의 범위를 넓혀 준 사례로 평가할 수 있다.

이러한 문제의식은 패션 영역에서도 설득력을 얻는다. 의류를 X선 이미지로 제시하는 방식은 '디자인=표면'이라는 통념을 흔들고, 봉제선·지지 구조·부자재의 배치처럼 형태를 지탱하는 내부의 질서를 전면으로 끌어올린다. 그 결과 관람객은 화려한 외피 뒤에 숨은 구조를 마주하며, 소비문화가 만들어 낸 '보이는 가치'와 '실제의 구성' 사이의 간극을 비판적으로 성찰하게 된다.

빛을 매개로 존재를 재해석하는 예술가로 아만다 밀스(Amanda Means)는 자연물을 주제로 식물 내부의 시적 울림을 탐구한다. 그녀의 〈Flower Series〉는 꽃잎을 통과한 빛으로 맥관과 세포의 리듬을 드러내며 식물의 내면 언어를 번역한다. "투명성 속에서 영혼을 발견하는 예술"이라는 평처럼, 관객은 꽃이 단순한 미적 대상이 아닌 살아 숨 쉬는 유기체임을 자각하게 된다.

*자료 : 아만다 밀스 작품, Flowers(1996(좌), Lisanthus(2000(우))

한편, 독일의 알버트 렝어-파츠슈(Albert Renger-Patzsch)는 사물의 본질을 객관적으로 드러내는 것을 목표로 삼아 엑스레이 아트 형식의 미학적 기원을 형성하였다. 그 계보를 잇는 리하르트 칼바이트(Richard Kallweit) 역시 〈Shell Series〉 등을 통해 자연 내부의 기하학적 질서를 예술의 언어로 번역한다.

이들이 공유하는 '사실의 미학(Aesthetics of Reality)'은 주관을 최소화하고 대상의 순수한 구조를 드러낸다. '사실이 곧 예술이 된다'는 실험정신이 이 장르를 독립적 영역으로 정립한 원동력이다.

예술사는 언제나 '보이지 않는 것'을 표현하려는 열망과 함께 발전해 왔다. 그중에서도 엑스레이 아트는 내부 구조 자체를 캔버스로 삼는 가장 직접적인 방식 중 하나다. 색채가 사라진 자리에는 맥관 패턴과 골격의 유기적 대칭, 재료의 밀도 차이가 남고, 관객은 장식이 아닌 구조 그 자체의 아름다움을 마주하게 된다.

철학적으로 이 예술은 현상과 본질의 간극을 다시 묻는다.

우리는 대개 표면을 '실재'로 받아들이지만, 투과 이미지는 실재가 표면에만 있지 않음을 보여준다. 이 투명한 이미지는 인간 존재 역시 외형이나 가면이 아니라, 내부의 구조와 리듬(즉 지탱하는 질서)로도 정의될 수 있음을 환기한다.

따라서 예술적 시사점은 비교적 분명하다. 아름다움은 외부 장식만이 아니라 구조와 질서 속에도 존재한다. 결국 엑스레이 아트는 단순한 기술적 사진을 넘어 진실·질서·아름다움을 시각화하는 예술적 창으로서 과학과 예술, 생명과 철학이 교차하는 지점에서 탄생한 현대적 성찰의 한 형식이라 할 수 있다.

보이지 않는 구조의 매혹
- 인체공학적 시선에서 본 과학의 예술

엑스레이 아트는 인간의 몸을 빛과 구조의 언어로 해석한 과학적 예술이다. X선이 인체를 투과할 때, 밀도가 높은 뼈와 연골, 관절의 연결 부위는 명확한 명암 대비로 드러난다. 겉으로 보기에 단순한 흑백 영상처럼 보일 수 있으나, 그 안에는 인체가 지닌 정교한 구조적 합리성과 진화의 결과가 응축되어 있다. 인간의 골격은 단순한 생물학적 지지대를 넘어, 수백만 년에 걸친 자연 선택이 빚어낸 고도화된 기계적 설계의 집약체이기 때문이다.

인체의 골격계는 약 206개의 뼈로 구성된 정밀한 지지 구조로, 기계의 프레임이 하중을 분산하듯 체중과 외력을 효율적으로 배분하고 충격을 흡수한다. 예를 들어 대퇴골은 단단한 외피의 치밀골과 내부의 다공성 해면골이 결합된 구조를 이루고 있다. 이 조합은 무게 대비 강도가 극히 높은 구조적 효율을 제공하며, 동일 질량의 알루미늄이나 강철보다도 충격 흡수와 하중 분산 측면에서 유리하다. 이러한 특성은 건축공학의 트러스(truss) 구조나 항공기 날개의 샌드위치 패널과 유사한 원리로, 자연이 이미 최적화된 공학적 해법을 구현해 왔음을 보여준다.

관절은 뼈와 뼈를 연결해 움직임과 안정성 사이의 균형을 유지하는 고도의 인체공학적 장치다. 어깨 관절은 공(ball)과 소켓(socket) 구조로 이루어져 3차원 회전을 가능하게 하는데, 이는 로봇 팔 설계에서 자유도(degree of freedom)를 확보하는 방식과 동일한 원리다. 반면 무릎 관절은 단순한 경첩형 구조가 아니라, 회전과 미끄러짐이 동시에 일어나는 복합 관절 시스템으로 작동한다. 이 덕분에 인간은 보행 시 에너지 소모를 최소화하고, 충격을 단계적으로 흡수할 수 있다. 이러한 생체역학적 설계는 오늘날 인공관절 개발과 인간형 로봇의 보행 알고리즘 설계에 직접적으로 응용되고 있다.

인체공학적 관점에서 볼 때, 인간의 골격과 관절은 최소한의 에너지로 최대한의 움직임을 구현하도록 최적화된 동역학 시스템이다. 근육은 단순한 동력원이 아니라, 지렛대 원리를 통해 힘의 방향과 크기를 정밀하게 제어하는 조절 장치로 기능한다. 예컨대 전완부는 제3종 지렛대 구조를 이루어, 작은 근육 수축을 손끝의 빠르고 정교한 움직임으로 증폭시킨다. 이는 인간이 속도와 정확성을 동시에 확보할 수 있는 이유이며, 기계공학의 서보(servo) 제어 시스템과 유사한 피드백 구조를 형성한다.

엑스레이 영상은 이러한 복합적 생체역학의 조화를 시각적으로 증명하는 기록이다. 외피가 제거된 영상 속에서 드러나는 뼈와 관절의 배열은 생물학적 목록이 아니라, 기하학적 질서와 물리적 효율이 결합된 하나의 조형 언어로 나타난다. 예술가에게는 자연이 창조한 아름다움의 근원이 되고, 과학자에게는 운동·하중·균형의 법칙을 직관적으로 확인하는 도구가 된다.

닉 베세이는 인체를 X선으로 촬영함으로써, 내부 구조에 내재된 공학적 합리성과 미적 질서를 예술적으로 포착해 왔다. 그의 작업은 인체를 해부학적 대상으로 환원하지 않고, 자연·과학·예술이 만나는 접점에서 인간 존재의 구조적 아름다움을 시각화한다는 점에서 높은 평가를 받는다.

인체의 뼈대와 관절은 단순한 생물학적 조직이 아니라, 자연이 설계한 가장 정교한 기계 시스템이라 할 수 있다. 방사선 예술은 그 내부에 잠재된 질서와 효율성을 시각적으로 구현함으로써, 루이스 설리번(Louis Sullivan)이 제시한 명제 '아름다움은 기능과 형태, 질서와 진실의 만남'을 현대적으로 증명한다. 더 나아가 근대 디자인의 원칙인 '형태는 기능을 따른다(Form follows function)'는 명제가 인체라는 자연의 산물에서 이미 완성되어 있음을 상기시킨다. 이는 곧 인체공학의 본질이자, 예술과 과학이 교차하는 핵심 지점이다.

보이지 않는 내부 세계를 이해하는 순간, 우리는 인간의 몸 안에서 자연의 공학적 완벽성과 예술적 균형미가 동시에 작동하고 있음을 발견한다. 따라서 엑스레이 아트는 과학 기술을 예술에 단순히 적용한 실험적 시도가 아니다. 그것은 겉과 속, 가시와 비가시의 경계를 탐구하는 철학적 행위이며, 진실의 형태를 시각적으로 사유하는 예술이다.

X선은 피상적인 외형을 벗겨내고 그 아래에 숨겨진 구조와 본질적 진실을 드러낸다. 이 이미지는 '진실은 어디에 존재하는가?'라는 근원적 질문을 다시 제기한다. 외형과 연출이 과잉된 현대 사회에서 방사선 예술은 모든 외피를 걷어내며 우리가 잊고 있던 구조적 아름다움과 기능적 진실을 환기시킨다.

빛에 비추어진 뼈대와 금속, 회로는 화려하지 않지만, 그 안에는 질서와 균형, 생명의 논리가 응축된 새로운 형태의 아름다움이 존재한다. 이러한 미학은 투명성과 진실성에 대한 사회적 은유로도 읽힌다. 눈에 보이지 않는 데이터, 알고리즘, 방사선이 세계를 작동시키는 오늘날, 엑스레이 아트는 비가시적 과학의 실재를 감각의 언어로 번역하는 역할을 수행한다.

엑스레이 아트에는 육체와 정신, 외형과 본질을 관통하는 깊은 철학적 사유가 내재되어 있다. X선은 단순한 물리적 빛이 아니라, 인간이 스스로의 내면과 진실을 직면하도록 이끄는 성찰의 빛이다. 이 관점에서 엑스레이 아트는 완벽한 외형 대신, 불완전한 구조 속의 질서와 투명한 내면의 진실성을 새로운 미의 기준으로 제시한다.

이러한 시선은 인간과 사회를 바라보는 윤리적 전환으로 이어진다. 보이지 않는 내부를 들여다본다는 것은 타인의 본질과 구조를 존중하려는 태도이기 때문이다. 과학과 예술이 만나는 이 교차점에서 조그램은 투명한 사회와 내면의 진실이라는 가치를 다시 묻는다.

결국 보이지 않는 진실의 미학은 우리 시대가 잃어버린 '깊이의 감각'을 회복하려는 시도다. 방사선 예술은 눈에 보이는 세계가 전부가 아님을 일깨우며, 진정한 아름다움이란 내부 구조의 조화와 존재의 투명성 속에 있음을 상기시킨다. 이 예술은 빛을 통해 진실을 드러내는 동시에, 우리 자신을 비추는 현대적 자아 성찰의 거울로 기능한다. 그리고 마지막으로, 이 빛은 우리에게 조용히 질문을 던진다.

"당신이 아름답다고 믿는 것은 과연 얼마나 진실한가?"

에필로그

인류의 역사는 곧 보이지 않는 세계를 향한 탐험의 역사다. 태초의 인간이 어둠 속에서 불을 발견했을 때부터 우리는 늘 보이지 않는 것을 보고자 하는 열망을 품어 왔다. 그 여정의 정점에서 방사선은 인류가 획득한 가장 정교한 '빛의 언어'로 자리매김하였다. 눈에 보이지 않지만, 엄연히 존재하는 세계를 드러내는 이 빛은 인간이 자연의 비밀을 해독하고 스스로의 본질을 성찰하게 만든 결정적 도구였다.

오늘날 인류는 방사선을 통해 보이지 않는 세계의 경계를 확장하고 있다. 의료 분야에서는 정밀한 영상 및 치료 기술이 끊임없이 진화하며, 생명을 구하는 최전선에서 방사선은 필수 불가결한 존재로 자리하고 있다. 앞으로 의료 영상은 인공지능과 융합하여 질병을 더욱 신속하고 정확하게 진단하며, 개인 맞춤형 치료를 실현할 것이다. 이 과정에서 방사선은 단순한 진단 도구를 넘어 인간의 생명과 존엄을 수호하는 빛의 기술로 거듭날 것이다.

그러나 방사선의 의미는 의료를 넘어 더 넓은 영역에서 인간과 함께 호흡하고 있다. 식품의 안전을 책임지는 기술, 범죄 현장의 진실을 밝히는 과학수사, 고대 문명을 복원하는 고고학, 그리고 현대 예술의 새로운 미학을 창조한 엑스레이 아트에 이르기까지, 이 에너지는 인간의 삶 속에 깊숙이 투영되어 있다. 다만 이 빛을 활용하는 과정은 인간이 그 힘을 어떻게 다루느냐에 따라 전혀 다른 결과를 초래한다.

과학은 방사선의 물리적 에너지를 연구하지만, 그 사용의 지향점을 결정하는 것은 결국 인간의 윤리와 의지이다. 기술은 가치중립적이지만, 그 기술을 통해 무엇을 비추고 무엇을 드러낼지는 인간의 선택에 달려 있다. 방사선의 세계가 우리에게 주는 궁극의 교훈은 명확하다. '보는 기술'은 곧 '이해하는 태도'로 직결된다는 점이다.

엑스레이 아트는 과학이 인간의 내면을 비추며 예술로 승화된 대표적 사례다. X선의 빛이 물질의 구조를 드러내듯, 예술은 인간의 내면 구조를 투명하게 비춘다. 과학이 객관적 사실의 세계를 탐구한다면, 예술은 그 사실의 의미를 인간의 존재 속에서 해석해 낸다. 결국 두 세계는 서로를 보완하며 하나의 진실로 수렴된다. 과학은 세계를 설명하고, 예술은 그 세계에 숨은 인간의 영혼을 응시한다.

이 책이 다루어 온 방사선의 여정은 과학의 언어로 시작해 인간의 이야기로 마무리된다. 방사선은 병을 치료하는 기술이자 식탁의 안전을 지키는 힘이며, 문화유산을 되살리는 도구이자 인간의 내면을 표현하는 예술의 빛이다. 보이지 않는 것을 드러내는 이 에너지는 인간의 두려움을 이해로, 무지를 깨달음으로, 그리고 기술을 예술로 승화시키는 여정을 가능케 했다. 우리가 이 빛을 올바르게 사용할 때, 세상은 투명해질

뿐 아니라 인간의 마음을 밝히는 따뜻한 언어가 될 것이다.

이제 우리는 방사선을 단순히 위험하거나 낯선 존재로 인식하지 않는다. 그것은 우리의 몸을 지키고 삶을 풍요롭게 하며, 진실을 밝혀내는 동반자이자 조용한 조력자다. 과학의 진보가 인간의 행복으로 이어지는 미래를 위해 우리는 이 '보이지 않는 빛'과 공존해야 한다. 그리고 그 빛이 인간의 창의력, 윤리의식, 예술적 상상력과 조화를 이룰 때, 인류는 기술과 감성이 공존하는 새로운 문명을 맞이하게 될 것이다.

이 책이 독자에게 전하고자 한 바는 단 하나다. 방사선은 우리 삶의 가장 깊은 곳에서 이미 우리와 함께하고 있다는 사실, 그리고 그것을 이해하는 순간 두려움은 사라지고 경이로움이 시작된다는 진리다. 이 책을 통해 독자들이 방사선을 새롭게 이해하고, 그것이 만들어 내는 과학과 예술, 인간과 진실의 아름다운 조화를 느끼는 계기가 되기를 바란다.

참고 문헌

김도균, 나종민 등(2025). 마약류 사범에 대한 재활교육이 재범에 미치는 영향 - 교정시설 재활교육을 중심으로. 형사정책연구, 제36권 1호, 2025

김태현(2021). 개질화된 UiO66MOF와 Pebax 고분자를 이용한 이산화탄소 분리용 혼합 고분자 분리막 및 이의 제조 방법

국립농업과학원(2022). 방사선 검역 기술을 활용한 농산물 수출 활성화 연구.

노영창(2006). 방사선의 공업적 이용기술 개발-방사선 이용 고기능성 재료 제조기술 개발

마약범죄 특별수사본부(2024). 마약범죄 특별수사본부 제5차 회의 자료.

보건복지부·식품의약품안전처(2020). 의료방사선 피폭량 통계

보건복지부·중앙암등록본부(2024). 2022년도 국가암등록통계

식품의약품안전처(2020~2024). 마약류 관리 종합 통계

언론보도, 경향신문(2025). 올해 들어 4번째 폐수 무단 방류-대구시, 폐수유출 업체 2곳 적발(https://www.khan.co.kr/article/202502281211001)

언론보도, 충청일보(2025 보도). 지난 5년간 불법무기 소지·판매·판매 글 게시 적발 465명 그쳐. 단속 시급(https://www.chungnamilbo.co.kr /news /articleView.html?idxno=852047)

언론보도, 경북매일(2023 보도). 최근 5년간 '마약사범' 재범률 심각(https://www.kbmaeil.com /article/202305100361836)

언론보도, 한국경제TV(2024 보도). 마약 재범률 35%…복지부, 치료 보호 기관 활성화에 전력투구(https://www.wowtv.co.kr/NewsCenter/News/Read?articleId=2024062592 781)

한국원자력안전기술원(2023). 국민 방사선 피폭선량 보고서

한국원자력연구원 첨단방사선연구소 보도자료(2017), 방사선 육종기술 이용 비타민E 고함유 벼 신품종 개발

원자력안전위원회·한국원자력안전기술원(2021). 2020 국민 피폭선량 평가

한국원자력연구원(2021). 농산물 방사선 검역기술 개발 및 상용화 보고서

ABC NEWS(2009). "Doctors 'Shocked' by Radiation Overexposure at CedarsSinai(https://abcnews.go.com/Health/CancerPreventionAndTreatment/doctors-shocked-radiation-exposure/story?id=8818377)

AEA (2022). Radiation Processing of Polymers: Applications and Advances.

APS(2001). November 8, 1895: Roentgen's Discovery of X-Rays(https://www.aps.org /apsnews/2001/11/1895-roentgens-discovery-xrays)

Arnold Pompos,Marco Durante,Hak Choy(2016). Heavy Ions in Cancer Therapy.JAMA Onco. 2(12):1539-1540.

ASNR(2013). Les accidents de radiotherapie(https://recherche-expertise.asnr.fr/savoir-comprendre/sante/accidents-radiotherapie)

ASTM E2501-13. Radiation-Induced Polymer Degradation Testing Standard.

Bronk Ramsey, C. et al.(2008). Radiocarbon dating: Revolutions in understanding. Archaeometry, 50(2), 249-275

B.P.Fairand(2001). Radiation Sterilization for Health Care Products: X-Ray, Gamma and Electron Beam. CRC Press

B.Saboury, T.Bradshaw. et al.(2023) Artificial Intelligence in Nuclear Medicine: Opportunities, Challenges, and Responsibilities Toward a Trustworthy Ecosystem. Journal of Nuclear Medicine February,64(2)188-196

CDC(2008). Guideline for Disinfection and Sterilization in Healthcare Facilities.

Cherry, S. R., Sorenson, J. A., & Phelps, M. E. et al(2012). Physics in Nuclear Medicine. Elsevier.

Cleveland Clinic(2025). Radiation Therapy for Cancer: How Does It Work?(https://my.clevelandclinic.org/health/treatments/17637-radiation-therapy)

Claudia Musicco(2023).Genogram with Transactional Analysis in Coaching: A Road Map for Counseling & Coaching - An intuitive visual approach to unlock your clients' self-awareness to achieve personal & professional growth,Paperbak

David Gilmore,Kristen M et al.(2022) Nuclear Medicine and Molecular Imaging, 9th Edition.

David, A. R., & Tapp, E.(1984). The Mummy's Tale: The Scientific and Medical Investigation of Natsef-Amun, Priest in the Temple at Karnak.

Elizabeth Huynh, Ahmed Hosny et al.(2020). Artificial intelligence in radiation oncology. Nature Reviews Clinical Oncology volume 17, p.771-781

El Haddad L.,Shashank S Ghantoji et al.(2017). Evaluation of a pulsed xenon ultraviolet disinfection system to decrease bacterial contamination in operating rooms. BMC Infectious Diseases. 17(1):672

E. Hall, Giaccia, A. J.(2019). Radiobiology for the Radiologist (8th ed.)

E. S. Friedman, A.J.Brody et al.(2008). Synchrotron radiation-based X-ray analysis of bronze artifacts from an Iron Age site in the Judean Hills (Seven bronze bangles from Tell en-Nasbeh). Volume 35, Issue 7,p.1951-1960

Euromonitor(2025). 2025 Asia Pacific Beauty: What's Driving Growth in China, Japan and South Korea?(https://www. euromonitor.com/article /2025-asia-pacific -beauty-whats-driving-growth-in-china-japan-and-south-korea)

FDA(1994). AVOIDANCE OF SERIOUS X-RAY-INDUCED SKIN INJURIES TO PATIENTS DURING FLUOROSCOPICALLY-GUIDED PROCEDURES

FDA(2023). Do Not Use Ultraviolet (UV) Wands That Give Off Unsafe Levels of Radiation: FDA Safety Communication. (https://www.fda.gov/medical-devices/safety-communications/do-not-use-ultraviolet-uv-wands-give-unsafe-levels-radiation-fda-safety-communication)

FDA(2024). Sterilization for Medical Devices(https://www.fda.gov/medical-devices/general-hospital-devices-and-supplies/sterilization-medical-devices)

Florian Putz, Rainer Fietkau(2025).The increasing role of artificial intelligence in radiation oncology: how should we navigate it?. Strahlenther Onkol.201(3): 207-209

FROMLIGHT2ART(2024). The XRay Art Effect: Illuminating the Enigma at the Intersection of Art and Medicine(https://fromlight2art.com/the-xray-art-effect/)

Global Cosmetics News(2025). South Korea Surpasses US in Cosmetics Exports, Now Second Only to France(https://www.globalcosmeticsnews.com/south-korea-surpasses-us-in-cosmetics-exports-now-second-only-to-france/)

Grand view horizon(2024). South Korea Sterilization Equipment Market Size & Outlook(https://www.grandviewresearch.com/horizon/outlook/sterilization-equipment-market/south-korea)

Hamdy FC, Donovan JL, Lane JA, et al.(2023) Fifteen-Year Outcomes after Monitoring, Surgery, or Radiotherapy for Prostate Cancer. NEJM, 388(17):1547-1558.

Harwood-Nash, D. C.(1979). Computed tomography of ancient Egyptian mummies. Journal of Computer Assisted Tomography, 3(6), 768-773.

Hawass, Z., Gad, Y. Z., et al.(2010). Ancestry and pathology in King Tutankhamun's family. JAMA, 303(7), 638-647.

IAEA(1999). Applying Radiation Safety Standards in Radiotherapy:Safety Reports Series, No.38

IAEA/FAO(2025). Requirements for the use of irradiation as a phytosanitary measure, (https://www.ippc.int/en/publications/604/)

IAEA(2022). Radiation Processing of Polymers: Mechanisms and Applications.

IAEA(2020). Social and Economic Impact Assessment of Mutation Breeding in Crops of the RCA Programme in Asia and the Pacific(https://www.iaea.org/sites/default/files/20/11/social-and-economic-impact-assessment-of-mutation-breeding-in-crops-of-the-rca-programme-in-asia-and-the-pacific.pdf)

IAEA(2022). What is Nuclear Energy? The Science of Nuclear Power(https://www.iaea.org/newscenter/news/what-is-nuclear-energy-the-science-of-nuclear-power)

ICRP. The 2007 Recommendations of the International Commission on Radiological Protection

ICRP Publication 103(2007). The 2007 Recommendations of the International Commission on Radiological Protection.

IPCC Sixth Assessment Report(2022). Climate Change 2022: Mitigation of Climate Change(https://www.ipcc.ch/report/ar6/wg3/)

IMARC(2025): South Korea Sterilization Equipment Market Size, Share, Trends, and Forecast by Product, End User, and Region, 2025-2033

ISO/ASTM 51431(2025). Standard Practice for Dosimetry in Radiation Processing of Polymers(https://store.astm.org/e2628-20e01. html)

ISO/ASTM 51431:2015. Standard Practice for Dosimetry in Radiation Processing of Polymers.

ISO 11137(2025). Sterilization of health care products — Radiation — Part 1: Requirements for the development, validation and routine control of a sterilization process for medical devices(/#iso:std:iso:11137: -1:ed - 2:v1:en)

Jeanne Modderman(2014).Hugh Turvey: Inside the Life of an X-Ray Artist (https://www.nationalgeographic.com/photography/article/hugh-turvey-inside-the-life-of-an-x-ray-artist)

Jerry M., Obaldo et al.(2021). The early years of nuclear medicine: A Retelling John P. Gibbons(2019). Khan's The Physics of

Radiation Therapy(6th edition), LWW

Katsuya Yahata,Kazuya FUJISHIRO(2001). An Investigation of Symptoms in Ethylene Oxide Sterilization Workers in Hospitals. Journal of Occupational Health 43(4):180-184

Ke Xu, A.S.Tremsin et al.(2021). Microstructure and Water Absorption of Ancient Concrete from Pompeii: An Integrated Synchrotron Microtomography and Neutron Radiography Characterization. Cement and Concrete Research, vol. 139

K. Rootwelt(1996). H. Beckquerel's discovery of radioactivity, and history of nuclear medicine. 100 years in the shadow or on the shoulder of Röntgen. Tidsskr Nor Laegeforen,116(30):3625-9

Libby, W. F.(1949). Radiocarbon Dating. University of Chicago Press.

Lynn Antonopoulos(2025). The Future of Radiology: AI's Transformative Role in Medical Imaging-AI is paving the way to a reimagined relationship between technology and human expertise. RSAN News(https://www.rsna.org/news/ 2025/january/ role-of-ai-in-medical-imaging)

Nobel Prize in Physics.(1901). Perspectives: A helping hand from the media(https://www. nobelprize.org/prizes/physics/1901/perspectives/)

Martin Heidegger(1967).Being and Time.Blackwell

Marisol Resendiz, Dawn Blanchard et al.(2023). A systematic review of the germicidal effectiveness of ultraviolet disinfection across high-touch surfaces in the immediate patient environment. J.Infect.Prev. 24(4):166-177

Megan Gambino(2014).X-Ray Art: A Deeper Look at Everyday Objects. (https://www.smithsonianmag.com/arts-culture/x-ray-art-deeper-look-everyday-objects-180949540)

Megwalu UC., Haig Panossian(2016). Survival Outcomes in Early Stage Laryngeal Cancer.Anticancer Res,36(6):2903-7.

Michel Foucault(1977).Truth and Power,Contemporary sociological theory. p.201-208

Morishima, K., et al.(2017). Discovery of a big void in Khufu's Pyramid by observation of cosmic-ray muons. Nature, 552(7685), 386-390.

Phelps, M. E.(2000). PET: Molecular Imaging and Its Biological Applications. Springer. Elsevier

Personal Care Insights(2025). South Korea overtakes US(www.personalcareinsights.com)

Polymer Degradation and Stability, Elsevier.(2021). Advances in Controlled Polymer Degradation by Radiation.

Q. Xu, Y.Wang et al.(2025). Applications of surface adaptive micro X-ray fluorescence scanner in cultural relics. Nature, Article number: 365

Rajpurkar, P. et al.(2017). "CheXNet: Radiologist-Level Pneumonia Detection on Chest X-Rays with Deep Learning"

Radiology Business. Update: Cedars-Sinai explains CT perfusion radiation overexposure 2009

Reddy A Bharath et al.(2024). Induced Mutagenesis using Gamma Rays: Biological Features and Applications in Crop Improvement. LIDSEN Publishing Inc.

Reimer, P. J. et al.(2020). The IntCal20 Northern Hemisphere radiocarbon age calibration curve (0-55 cal kBP). Radiocarbon, 62(4), 725-757.

Resendiz M. 외(2023). A systematic review of the germicidal effectiveness of ultraviolet disinfection across high-touch surfaces in hospital rooms. J Infect Prev.

Röntgen, W. C.(1896). On a New Kind of Rays. Würzburg Physical Medical Society.

Roland Barthes(1981),Camera Lucida: Reflections on Photography,Hill & Wang

Ruijiang Li(2022). Radiomics and Radiogenomics. Springer

Reuters(2025), Korean beauty startups bet booming US demand outlasts tariff pain.(https://www.reuters.com/world/asia-pacific/korean-beauty-startups-bet-booming-us-demand-outlasts-tariff-pain-2025-06-05/)

Sabu Thomas and Yang Weimin(2009). Advances in Polymer

Processing, Woodhead Publishing

Seokyoung Park, JoonYong Sohn et al.(2023). In-situ preparation of gel polymer electrolytes in a fully-assembled lithium ion battery through deeply-penetrating high-energy electron beam irradiation. Chemical Engineering Journal,Volume 452, Part 2

Shahriar Ahmed, Mobinul Islam et(2024). A Comprehensive Review of Radiation-Induced Hydrogels: Synthesis, Properties, and Multidimensional Applications. ELS,Vol.10(6),381

Shahram Torabian, Ruijun (Ray) Qin et al.(2023). Glycoalkaloids in Potato Tubers: How to Control Tuber Greening. Oregon State University Extension Service.(https://extension.oregonstate.edu/catalog/pub/em-9407-glycoalkaloids-potato-tubers)

Sinno Tellier, S.Roudier, C. Donadieu, J. et al.(2009). Incidence of radiodermatitis following interventional radiology: results of a feasibility study among members of   the French Dermatology Society IAEA

Simin Li, Baosen Zhou(2022). A review of radiomics and genomics applications in cancers: the way towards precision medicine. Radiation Oncology, 217

Sommers Schwartz, P.C. - Emergency Room Negligence Case

Søren Langkilde 1, Malene Schrøder et al.(2003). Acute toxicity of high doses of the glycoalkaloids, alpha-solanine and alpha-chaconine, in the Syrian Golden hamster. (https://pubmed.ncbi.nlm.nih.gov/18710251/)

Sontag, S.(1977). On Photography. Farrar, Straus and Giroux.

Sontag's Lament(2015). Emotion, Ethics, and Photography.Photography and Culture,p.289-302

Sterile Insect Technique(https://www.aphis.usda.gov/sites/default/files/factsheet-eradicating-nws-sit.pdf)

TIME(2008). X-ray Photography: Inner Beauty(https://content.time.com/time/specials/2007/article/0,28804,1642444_1728573_1728543,00.html)

Uda, M.(2004). X-ray fluorescence analysis in archaeology. X-Ray Spectrometry, 33(1), 237-242.

UCL Health news and insights(2025). 5 health benefits of red light therapy(https://www.uclahealth.org/news/article/5-health-benefits-red-light-therapy)

UNSCEAR (2022). Sources, Effects and Risks of Ionizing Radiation, United Nations Scientific Committee on the Effects of Atomic Radiation (UNSCEAR)2020/2021. Report, Volume IV

UNSCEAR(2020). Sources, Effects and Risks of Ionizing Radiation

Veasey, N.(2018). Inside Out: X-ray Photography and the Beauty of Structure. Thames & Hudson.

Vincenzo Valentini, Luca Boldrini et al.(2020). Role of radiation oncology in modern multidisciplinary cancer treatment.Mol

Oncol.14(7):1431-1441

V. Rao(2009). Radiation processing of polymers,Advances in Polymer Processing, Pages 402-437

WHO(1997). High-dose irradiation: wholesomeness of food irradiated with doses above 10 kGy: report of a Joint FA

World Nuclear Association(2025). How does a nuclear reactor work?(https://www.energy.gov/ne/articles/nuclear-101-how-does-nuclear-reactor-work)

World Nuclear Association(2024). Comparison of Energy Sources by Energy Density

X-ray radiography. ARTEnet(https://artenet.it/en/x-ray-radiography/?utm_source=chatgpt.com)

Young Ae Kim et al.(2020). Socioeconomic Burden of Cancer in Korea from 2011 to 2015. Cancer Res Treat.(https://pmc.ncbi.nlm.nih.gov/articles/PMC7373867/)